21世纪高等院校网络工程规划教材

21st Century University Planned Textbooks of Network Engineering

U0128908

网站设计
与开发技术教程

Website Designing and Developing

耿霞 邹婷婷 编著

人民邮电出版社

北京

图书在版编目（CIP）数据

网站设计与开发技术教程 / 耿霞，邹婷婷编著.—北京：
人民邮电出版社，2009.2
21世纪高等院校网络工程规划教材
ISBN 978-7-115-18931-8

Ⅰ. 网…　Ⅱ.①耿…②邹…　Ⅲ.①网站－设计－高等学
校－教材②网站－开发－高等学校－教材　Ⅳ.TP393.092

中国版本图书馆CIP数据核字（2008）第155121号

内 容 提 要

本书以 Dreamweaver 8 为开发环境，以一个完整站点的建设为主线，全面系统介绍基于 Dreamweaver 8+ASP+Access 模式的中小型数据库网站的开发及维护过程。全书共分为 7 章，内容包括两部分，即使用 Dreamweaver 8 软件进行的静态网页设计和动态网站开发。第 1，2 章从基础知识入手介绍静态网页设计的相关内容，引导读者逐步学习使用文本、图像、表格、层、模板等网页元素。第 3，4 章主要介绍动态网站开发技术基础，包括 ASP 技术以及数据库访问技术。第 5 章以制作一个完整的网上书店为例，介绍采用 Dreamweaver+ASP+Access 的模式定制一个小型商务平台的方法。第 6，7 章主要介绍网站的发布以及安全和维护措施。本书内容丰富、结构清晰、语言简练，具有很强的操作性和实用性。

本书可作为高等院校计算机、网络工程、通信工程等相关专业网站建设和网页制作课程的教材，也可作为从事网站建设方面技术人员的参考用书。

21世纪高等院校网络工程规划教材

网站设计与开发技术教程

◆　编　　著　耿　霞　邹婷婷

　　责任编辑　滑　玉

　　执行编辑　张　鑫

◆　人民邮电出版社出版发行　　北京市崇文区夕照寺街 14 号
　　邮编　100061　电子函件　315@ptpress.com.cn
　　网址　http://www.ptpress.com.cn
　　北京铭成印刷有限公司印刷

◆　开本：787×1092　1/16
　　印张：13
　　字数：320 千字　　　　　　　　2009 年 2 月第 1 版
　　印数：1－3 000 册　　　　　　　2009 年 2 月北京第 1 次印刷

ISBN 978-7-115-18931-8/TP

定价：22.00 元

读者服务热线：**(010)67170985**　印装质量热线：**(010)67129223**
反盗版热线：**(010)67171154**

前　　言

随着网络技术的发展和普及，网站建设技术越来越成为计算机等相关专业学生需要掌握的基本技能之一，同时其他专业的学生对网站建设技术也有着强烈的求知欲望。针对这种情况，目前很多高校都开设了网站建设方面的课程。

本书是结合作者多年网站建设课程教学过程中的经验和体会编写而成，内容包括了网站的规划设计，前台制作、后台设计的常用技术以及网站发布推广和安全维护技术等，还给出了一个综合范例。本书力求理论与实践相结合，理论部分介绍了网站开发必须掌握或了解的基础知识，每章配有习题，便于读者理解掌握所学内容；实践部分通过一个完整的网上书店实例全面介绍了动态网站开发的全过程，注重并提高案例教学的比重，突出培养人才的应用能力和解决问题的能力。

本书以 Dreamweaver 8 为开发环境，以一个完整站点的建设为主线，全面系统地介绍了基于 Dreamweaver 8+ASP+Access 模式的中小型数据库网站的开发及维护过程，并穿插大量的网页设计技巧和当前流行的动态网站开发技术。全书共分为 7 章，内容主要分为两部分。第一部分（第 1，2 章）从基础知识入手介绍了使用 Dreamweaver 8 软件进行静态网页设计的相关内容，引导读者逐步学习使用文本、图像、表格、层、模板等网页元素。第二部分（第 3~7 章）主要介绍动态网站开发技术基础。其中，第 3，4 章主要介绍 ASP 技术以及数据库访问技术。第 5 章以制作一个完整的网上书店为例，介绍了采用 Dreamweaver+ASP+Access 的模式定制一个小型商务平台的方法。第 6,7 章主要介绍了网站的发布以及安全和维护措施。本书的特点之一是在不需要大量编程的情况下，使用 Dreamweaver 8 设计丰富多彩的交互式动态网站。

本书建议学时为 50 学时，并配有一定学时的实验课及课程设计，以加深对基本理论的理解和对新技术的掌握。本教材配有习题解答、电子教案和实例代码，可在人民邮电出版社教学服务与资源网（www.ptpedu.com.cn）上下载。

本书由耿霞主编并统稿，第 3，4，5，6，7 章由耿霞编写，第 1，2 章由邹婷婷编写，参加编写的还有李峰、杨治、韩晓茹、金华等。

由于作者水平有限，加之编写时间仓促，书中难免存在错误和不当之处，殷切希望广大读者批评指正。

编　者

2008 年 9 月

目　录

第 1 章　网站规划与设计基础

近几年，计算机网络迅速发展，要紧跟信息社会发展的节奏，掌握一门网络开发技术显得尤为迫切和必要。本章将先从网页的基础知识入手，直观地阐述各知识点，让读者了解一些理论基础知识，然后简要介绍目前网站建设的基本流程，以供实际工作时参考。

1.1　网页基础知识

网页制作是一门综合艺术。对于网页设计开发人员来说，在制作网页之前，应先了解网络与 Web 的基础知识，如超文本传输协议（HTTP）、统一资源定位符（URL）等。

1. 因特网

因特网（Internet）也称国际计算机互联网或万维网。是由符合 TCP/IP 等网络协议的网络组成的互联网。它是目前全世界最大的网络，包含着丰富多彩的信息，并提供方便快捷的服务。它缩短了人们之间的距离，通过 Internet，用户可以与其他接入 Internet 的用户进行交流，如收发邮件、网上聊天、在线通话等。

2. 万维网

WWW 是 World Wide Web 的缩写，也称为 3W 或 Web，中文译名为"万维网"。

WWW 是建立在客户机/服务器（C/S）模型之上，以超文本传输协议（Hyper Text Transfer Protocol，HTTP）为基础，通过超文本（Hypertext）和超媒体（Hypermedia），将 Internet 上包括文本、语音、图形、图像、影视信号等各种类型的信息聚集在一起，这样用户就能通过 Web 浏览器，轻而易举地访问各种信息资源，并且无需关心其中的技术细节。

WWW 作为 Internet 的重要组成部分，其出现大大加快了人类社会信息化进程，是目前发展最快也是应用最广泛的服务。

3. 超文本传输协议

超文本传输协议（HTTP）是目前网络世界里应用最为广泛的一种网络传输协议，是为分布式超媒体信息系统设计的一个无状态、面向对象的协议。HTTP 由于能够满足 WWW 系统客户与服务器通信的需要，从而成为 WWW 发布信息的主要协议。它规定了浏览器如何通过网络请求 WWW 服务器，以及服务器如何响应回传网页等。

4. 统一资源定位符

统一资源定位符（URL）是一种 WWW 上的寻址系统，用来使用统一的格式，来访问网络中分散各地的计算机上的资源。

一个完整的 URL 地址，由通信协议、服务器名称、文件夹和文件名 4 部分组成。URL 的基本结构如下。

通信协议：//服务器名称【：通信端口编号】/文件夹 1【文件夹 2...】/文件名

（1）通信协议。协议名是指 URL 所连接的网络服务性质，如 HTTP 代表超文本传输协议，FTP 代表文件传输协议等。常用协议有以下几种。

- HTTP：超文本传输协议。
- FTP：文件传输协议。
- mailto：电子邮件地址。
- Telnet：远程登录协议。
- file：使用本地文件。
- news Usenet：新闻组。
- Gopher：分布式的文件搜索网络协议。

（2）服务器名称。服务器名称是指提供服务的主机的名称，包括服务器地址和端口号两部分。一般只需要指出 Web 服务器的地址即可，但在某些特殊的情况下，还需要指出服务器的端口号。

（3）文件夹与文件名。文件夹是存放文件的地方，如果是多级文件目录，必须指定是第一级文件夹还是第二级或第三级文件夹，直到找到文件所在的位置。文件名是指包括文件名与扩展名在内的完整名称。

5．超文本标记语言

超文本标记语言（Hyper Text Markup Language，HTML）严格来说并不是一种标准的编程语言，只是一些能让浏览器能看懂的标记。当网页中包含正常文本和 HTML 标记时，浏览器会"翻译"由这些 HTML 标记提供的网页结构、外观和内容的信息，从而将网页按设计者的要求显示出来。图 1-1 所示的是显示在"记事本"中的用 HTML 编写的网页源代码。图 1-2 所示的是经过浏览器"翻译"之后显示的对应该源代码的网页画面。

图 1-1　HTML 编写的网页源代码

图 1-2　浏览器"翻译"后显示的网页画面

6．网络域名

网络域名大致分为国际域名和国内域名。

国际域名按不同的类型可分为.com（商业机构）、.gov（政府部门）、.org（非营利性组织）、.mil（军事部门）、.net（从事因特网服务的机构）等。

国内域名是在国际域名后面添加两个字母构成的国家代码，如中国为.cn，日本为.jp，英国为.uk。国内域名同样可以按顶级类型进行细分为.com.cn（国内商业机构）、.net.cn（国内因特网机构）、.org.cn（国内非营利性组织）。

7. 静态网页和动态网页

HTML 格式的网页通常被称为"静态网页"。常见的静态网页以.htm、.html、.shtml 等为后缀，每个网页都是一个独立的文件。早期的网站一般都由"静态网页"构成。

在静态网页中，也会出现各种动态的效果，如.gif 格式的动画、Flash、滚动字幕等，这些"动态效果"只是视觉上的，与动态网页并无直接联系。

动态网页与静态网页是相对的，主要特征是支持数据库，可以与用户进行交互。常见的后缀不是.htm、.html 等静态网页的形式，而是.asp、.jsp、.php、.cgi 等形式。

动态网页可以是纯文字内容，也可以包含各种动画内容，这些只是网页具体内容的表现形式。无论网页是否具有动态效果，采用动态网站技术生成的网页，都称为动态网页。

1.2　网站设计流程

网站建设是一项复杂的工程，因此，在建立一个网站之前，必须进行统筹安排和规划。

1.2.1　需求分析

需求分析主要是针对客户的整个项目计划、时间要求和资金预算等进行研究与分析。

1. 项目立项

接到客户的业务咨询，经过双方不断的接沿和了解，并经过基本的可行性讨论之后，初步达成制作协议，这时就需要对该项目立项。一般将成立一个专门的项目小组，小组成员包括项目经理、网页设计人员、程序员、测试员。项目的实现主要是由项目经理来负责的。

2. 客户需求说明书

首先需要客户提供一个完整的需求说明。可能很多客户对自己的需求并不是很清楚，这时需要设计人员不断地引导、分析，从而总结出客户潜在的、真正的需求。帮助客户撰写一份详细完整的需求说明书会花费很多时间，而且最终要让客户满意，签字认可。

需求说明书一般包含以下几点。

（1）正确性：每个功能必须清楚地描述交付的功能。

（2）可行性：确保在当前的开发能力和系统环境下可以实现每个需求。

（3）必要性：功能是否必须交付，是否可以推出实现，是否可以在经费不足时放弃。

（4）简明性：不要使用专业的技术术语。

（5）检测性：开发完毕，客户可以根据需求进行检测。

1.2.2　整体规划

在制订需求说明书后，并不直接开始制作网站，而是需要对网站进行总体规划和详细设计，形成一份网站建设方案。总体规划是非常关键的，它主要确定以下几点：

（1）网站需要实现哪些功能；

（2）网站开发使用什么软件，在什么样的硬件环境下进行；

（3）需要多少人，多长时间；

（4）需要遵循的规则和标准有哪些。

同时需要撰写一份总体规划说明书，内容包括：

（1）网站的栏目和版块；

（2）网站的功能和相应的程序；

（3）网站的链接结构；

（4）如果应用数据库，则进行数据库的概念设计；

（5）网站的交互性和用户友好设计。

1.2.3　网站详细设计

总体设计阶段以比较抽象概括的方式提出了解决问题的办法，详细设计阶段的任务就是把解决方法具体化。

1. 整体形象设计

在程序员进行详细设计的同时，网页美工开始设计网站的整体形象和首页。

整体形象设计包括标准字、Logo、标准色彩、广告语等。首页设计包括版面、色彩、图像、动态效果、图标等风格设计，也包括 Banner、菜单、标题、版权等模块设计。

2. 页面风格设计

模块布局宗旨在于方便访问者浏览，所以首页上常设置导航栏，其下是主题动画，在主题动画下设置版内导航条。大致页面布局力求风格统一、内容丰富。

如今的多媒体 Web 网页具有强大的交互功能，多种媒体如文字、图片、动画、语音等同时存在。文字是一种简洁有效的媒体，输入方便，处理速度快，在网速较慢的情况下适合用文字进行大面积布局。图片可以给人以较为直观的感受，以及更为感性的认识，其缺点是下载速度慢，在网速慢的情况下不宜大量运用。

3. 颜色调配设计

网页制作中页面颜色的调配相当重要，一般由网页美工进行整个网站的美工设计。各版块采用与网站首页同一色系的颜色，整个版块内部也尽量保持风格一致。

4. 网站调试方案

网站调试尽量采用边制作边调试的方法，即采用本机调试与和上传服务器调试的方法，因为网站在单机和服务器上运行有很大的区别，所以很有可能在上传服务器之后，出现在客户机上不能浏览的一系列问题。此外还需观察速度、兼容性、交互性等，发现问题及时解决并记录下来。

1.2.4　申请域名和空间

在创建一个 Web 站点之前必须先申请域名和站点空间。只有申请了域名和站点空间后，用户制作的网页才能发布到 Internet 上，供他人浏览。

1．申请域名的形式

目前，申请域名有两种形式：一种是收费的，另一种是免费的。实际上，大多数域名是收费的，免费的域名已经越来越少了。

提供收费域名的 Internet 服务提供商（Internet Service Provider，ISP）很多，用户可以到网上搜索一下。域名申请成功后，有的 ISP 还附加提供一定的主页空间，可以直接上传要发布的网页。采用收费域名的最大优点是服务有保障，功能比较齐全。

免费域名一般只提供域名，不提供主页空间，因此这种域名实际上只提供一种转向功能，不能真正发布网页。

2．申请域名

在申请注册之前，用户必须先检索一下自己选择的域名是否已经被注册，最简单的方式就是上网查询。国际顶级域名可以到国际互联网络信息中心（InterNIC）（http://www.internic.net）的网站上查询，国内顶级域名可以到中国互联网络信息中心（CNNIC）（http://www.cnnic.net.cn）的网站上查询如图 1-3 所示。在域名查询框内输入想要查询的域名，如 guangming.com.cn，单击"查询"按钮。如果该域名已经被他人注册，将会出现域名、域名注册单位、管理联系人、技术联系人等提示信息。如果没有被注册，将会出现"你所查询的信息不存在"的提示信息。

图 1-3　查询域名

3．申请网站空间

对于一个大型企业来说，往往具有自己独立的机房、网络中心、技术人员及服务器和网络管理软件等，这样就可以向电信部门申请专线来建立同 Internet 的连接。但是建立独立的机房是一项很大的投资，对于很多个人或中小企业来说，不太可能具有自己独立的机房和服务器。下面这些解决方案，可以很好地解决网络空间的问题。

（1）虚拟主机。虚拟主机是指使用特殊的技术，将一台服务器分为很多台"虚拟"服务器，并拥有共享的 IP 地址，但是都具有自己独立的域名。由于这些服务器共有一台计算机和网络设施，这样就把高昂的费用均摊到每个用户身上，从而大大减少每个企业建设的费用。

（2）服务器托管。如果网站具有较大的访问量，或者需要很大的服务器空间，那么虚拟主机就不能满足要求，可以采用将自己的服务器存放在 ISP 网络中心机房，借用其网络通信系统接入 Internet，这样就能避免独立机房的建设，并享受良好的网络带宽服务。

1.2.5 发布站点

网站建成之后，在发布以前还需要进行下列准备。
（1）保证让所有现有的浏览器均能较好地展示网页。
（2）注册到搜索引擎。
（3）针对搜索引擎进行优化，例如，确定几个关键字和详细的页面描述。
（4）优化性能，缩小页面大小。
（5）如果没有自己的服务器和域名，还需要申请域名和网上空间。

当所有的准备工作都完成之后，就需要将程序和页面进行整合并进行内部测试。如果网站功能测试无误，就可以正式发布网站了。

发布网站时需要注意如下几点。
（1）服务器是否支持网站所采用的脚本语言。
（2）服务器是否支持文件的写操作。
（3）服务器支持什么样的数据库，如 Access、SQL Server、MySQL 等。
（4）如果是远程服务器，那么网站的上传还需要利用远程 FTP 工具进行传输。

1.2.6 网站的推广宣传

众所周知，网站的最终目的是吸引众多的访问者，因此，网站发布后，为了吸引浏览者，增加访问量，必须对网站进行推广和宣传。

多数网站是浏览者通过搜索引擎进入的，所有网站推广的第一步是要确保浏览者可在主要搜索引擎里检索到用户的站点。类似的搜索引擎主要有 http://cn.yahoo.com、http://www.baidu.com、http://www.google.com 等。

注册加入搜索引擎的方法有两种：一种是在数据库里搜索关键字，另一种是对网页元素的搜索。让浏览者在搜索引擎里快速找到用户站点的最好方法是到大型网站去注册。用户只需要购买要注册的关键字，就可以在各个大型网站的搜索引擎中加入网站的关键字，然后，在用户自己的网站中高频率地使用该关键词。

除了登录搜索引擎，还有很多网站推广的方法，如下。

（1）交换链接。

（2）登录网站导航站点。现在国内有大量的网址导航类站点，如 http://www.hao123.com、http://www.265.com 等，在这些导航类网站做链接也能带来大量的访问量。

（3）付费广告。

（4）在专业论坛上发表文章和消息。

（5）发布邮件。

1.3　网站页面设计

1.3.1　网页的基本元素

在设计网页之前，首先应该认识构成网页的基本元素，这样才能在设计中根据需要合理地组织和安排网页内容。

1. 文本

文字一直是最重要的信息载体与交流工具。网页中的信息也是以文本为主，与图片相比，文字虽然不如图片那样能够很快引起浏览者的注意，但却能准确地表达信息的内容和含义。

为了克服文本固有的缺点，人们赋予了网页中文本更多的属性，如字体、字号、颜色、底纹和边框等。通过不同格式的区别，突出显示重要的内容。此外，用户还可以在网页中设计各种各样的文字列表，来清晰地表达一系列项目。这些功能都给网页中的文本赋予了新的生命力。

2. 图片

图片在网页界面上具有非常重要的作用，几乎所有的网页都用到了图片。如果在大量的文字当中，稍稍添加一点图形，就可以生动、形象、直观地表达网页的主题，还可以表现个人情调，增强一个网站的风格，加强网站的特色，从而增强网页的魅力。

图片的影响力往往胜过冗长的文字叙述，能给人以强烈的视觉效果。因此，在很多网页中，图片占据整个页面的重要位置，有时甚至占据整个页面。图片应用要表现创新的构思，突显强烈的个性，与网页主题巧妙地达成统一。

3. 多媒体音频、视频、动画

除了文本和图片，还有语音、动画、视频等其他媒体。虽然这些占用大量服务器资源和网络带宽，但是随着宽带网络的兴起，它们在网页布局上也将变得越来越重要。

4. 超链接

超链接技术是 WWW 流行的最主要的原因。它是从一个网页指向另一个目的端的链接。例如，指向另一个网页或者相同网页上的不同位置。目的端通常是另一个网页，也可以是一幅图片、一个电子邮件地址、一个文件、一个程序或者本网页中的其他位置。

热点通常是文本、图片或图片中的区域，也可以是一些不可见的程序脚本，当浏览者单击超级链接热点时，其目的端将显示在 Web 浏览器中，并根据目的端的类型以不同方式打开。

5. 导航栏

导航栏的作用就是引导浏览者游历站点。事实上，导航栏就是一组超链接，这组超链接的目标就是本站点的主要网页。在设计站点中的网页时，可以在站点的每个网页上显示一个导航栏。一般情况下，导航栏应放在网页中较引人注目的位置，通常是在网页的顶部或一侧。导航栏既可以是文本链接，也可以是一些图形按钮。

6. 表格

在网页中，表格用来控制网页中信息的布局方式，包括两个方面：一是使用行和列的形式来布局文本和图像及其他列表化数据；二是可以使用表格来精确控制各种网页元素在网页中出现的位置。

7. 表单

网页中的表单通常用来接受用户在浏览器的输入内容，然后将这些信息发送到用户设置的目标端。这个目标可以是文本文件、网页、电子邮件，也可以是服务器端的应用程序。表单一般用来收集联系信息，接收用户要求，获得反馈意见，设置来宾签名簿，让浏览者注册为会员并以会员的身份登录站点等。

表单由不同功能的表单域组成，最简单的表单也要包含一个输入区域和一个提交按钮，站点浏览者填写表单的方式通常是输入文本，选中单选按钮或复选框，以及从下拉列表中选中选项等。

根据表单功能与处理方式的不同，通常可以将表单分为用户反馈表单、留言簿表单、搜索表单和用户注册表单等类型。

8. 其他常见元素

网页中除了以上几种最基本的元素之外，还有一些其他的常用元素，包括悬停按钮、Java 特效、ActiveX 等各种特效。它们不仅能点缀网页，使网页更活泼有趣，而且在网上娱乐、电子商务等方面也有着不可忽视的作用。

1.3.2 网页布局

网页是网站构成的基本元素。当浏览者在网络海洋中遨游的时候，一个个精彩的网页会呈现在用户目前。网页是否精彩，能否吸引浏览者，除了色彩的搭配、文字的变化、图片的处理等因素外，还有一个非常重要的因素，即网页的布局。

1. 网页布局的基本概念

最初的网页就像一张白纸，设计者可以任意发挥自己的想象力，设计一切自己所能控制的要素。但是对于初学者而言，这样往往无法制作出结构完整、布局良好的作品。因此在设计之前，先要了解网页布局的基本概念。

（1）页面尺寸。由于页面最终需要在显示器上显示，所以显示器的大小及分辨率就局限了网页的大小，而且因为浏览器本身也占去了不少空间，所有留下的页面范围变得越来越小。一般分辨率在 800 像素×600 像素的情况下，页面的显示尺寸为 780 像素×428 像素。因此在制作网页的过程中，网页的宽度最好不要超过 780 像素，高度也最好限制在 428 像素以内；分辨率在 1 024 像素×768 像素的情况下，页面尺寸为 1 007 像素×600 像素。

在网页设计过程中，向下拖曳页面是唯一给网页增加更多内容的方法。但是，除非确定站点的内容能吸引大家拖曳，否则绝不要让访问者拖曳页面超过 3 屏。如果需要在同一页面显示超过 3 屏的内容，那么最好能在上部加上页面内部链接，以方便访问者浏览。

（2）整体造型。造型指的是页面的整体形象，这种形象应该是一个整体，图像与文本的结合应该是层叠有序的。虽然显示器和浏览器的是矩形的，但是对于页面的造型，设计者可以充分运用自然界中的各种形状及它们的组合，如矩形、圆形、三角形、菱形等。

对于不同的形状，它们所代表的意义是不同的。矩形代表正式、规则，很多政府部门的网页都是以矩形的页面整体造型的；圆形代表柔和、团结、温暖、安全等，许多时尚站点喜欢以圆形为页面的整体造型；三角形代表力量、权威、牢固等，许多大型的商业站点为显示它的权威性常以三角形为页面的整体造型；菱形代表平衡、协调、公平，一些交友网站经常运用菱形为页面的整体造型。虽然不同形状代表不同意义，但目前的网页制作大多结合多种图形加以设计，只是其中一种图形的构图比例可能占得多一些。

2. 网页布局的一般步骤

（1）构思。根据网站内容的整体风格，设计版面布局。设计者可以参考其他优秀的网站，调用自己的各种知识储备，特别是艺术方面的知识。设计者要把自己的设计构思变成纸上的东西，用笔在纸上粗略地勾画出布局的轮廓。当然也可能有多种构思，尽量将其全部画出来，然后再比较，采用一种比较满意的方案。

（2）初步填充内容。这一步要把一些主要的内容放到网页中，如网站的标志、广告条、菜单、导航条、计数器等。这里要注意重点突出，把网站的标志、广告条、菜单放在最突出、最醒目的位置，然后再考虑其他元素的位置。

（3）细化。将各个主要元素确定好之后，接下来就可以考虑文字、图像、表格等元素的排版布局了。在这一步，设计者可以利用网页编辑工具把草案做成一个简略的网页，当然，对每一种元素所占的比例也要有一个详细的数字，方便以后修改。

经过以上 3 步，网页布局已经初具规模，可以让其他人员观看并提出建议，再不断修改，直到网页最终完成。

3. 网页排版布局的原则

以上简要介绍了设计网页布局的步骤，在实际构思和设计的过程中，设计者还必须掌握以下 5 项原则。

（1）平衡性。一个好的网页布局应该给人一种安定、平稳的感觉，它不仅需要文字、图像等要素在空间上分布均匀，而且还要注意色彩的平衡，要给人一种协调的感觉。

（2）对称性。对称是一种美，生活中有许多事物都是对称的，但过度的采用对称方法就会给人一种呆板、死气沉沉的感觉，因此要适当打破对称，制造一点变化。

（3）对比性。通过让不同的形态、色彩等元素的相互对比，来形成鲜明的视觉效果。例如，黑白对比，圆形与方形对比等，它们往往能够创造出富有变化的效果。

（4）疏密度。网页要做到疏密有度，不要整个网页都是一种样式，要适当进行留白，运用空格，改变间距等制造出一些变化的效果。

（5）比例。比例适当，这在布局中非常重要，虽然不一定要做到黄金分割，但是比例一定要协调。

本 章 小 结

本章主要介绍了网络的一些基础知识，并对设计网站的整个流程进行简要介绍，系统化的设计流程可以让网站的设计取得事半功倍的效果。另外，对页面设计的基本元素以及网页的布局也做了简单的介绍。

习 题

1．简述网站设计的流程。

2．打开新浪网主页（http://www.sina.com.cn），了解新浪网站的主要版块和栏目。

3．简述网页的基本元素和特点，并结合具体网页进行分析。

4．如何申请域名和个人主页空间？上网尝试申请免费的域名和空间。

第2章 Dreamweaver 8 入门

Dreamweaver 8 是 Adobe 公司开发的优秀的网页制作工具软件，可以方便、快捷地制作出充满丰富动感的网页。本章主要介绍 Dreamweaver 8 的工作环境，网页制作的基本方法，包括文本、图像和动画的插入，超级链接的创建，表格、层和框架以及表单的使用等。

2.1 Dreamweaver 8 的工作环境

2.1.1 选择工作区布局

安装完成 Dreamweaver 8 后，第一次启动时，会弹出"工作区设置"对话框，如图 2-1 所示，用户可选择一种工作区布局，包括"设计器"和"编码器"两个单选按钮，它们分别面向设计者和代码编写者。

本书主要在设计者布局中进行介绍，建议用户单击"设计器"单选按钮，进入后会出现如图 2-2 所示的设计者工作区布局。

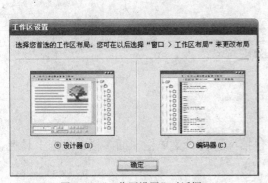

图 2-1 "工作区设置"对话框

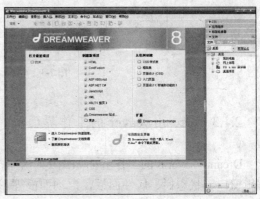

图 2-2 设计者工作区布局

2.1.2 软件起始页的用法

启动 Dreamweaver 8 之后，进入起始页，如图 2-2 所示，单击向右的箭头，可将右边的面板隐藏起来。也可以单击向下的箭头，将属性面板隐藏起来。

起始页面分为左中右 3 栏，左侧一栏显示最近曾经打开过的文档；中栏是创建新的项目，可以创建 Html 的文档，也可以创建动态文档，如 ASP VBScript、JavaScript、PHP 等，也可以直接创建站点；右侧是从范例创建，这里提供了 Dreamweaver 8 为用户准备的基础范例，如框架集和入门页面等。

当 Dreamweaver 本身无法完成某些功能的时候，可以用 Dreamweaver Exchange 从网上下载插件来实现。

左下角是 Dreamweaver 8 的学习资料，可以帮助用户更好地学习和使用 Dreamweaver 8 软件。

如果计算机处于连网状态，右下角的信息是不断变化的，显示一些最新的信息。

如果不再使用这个起始页，而是手工打开文档的话，可以将起始页关闭。在起始页的左下角有一个"不再显示此对话框"复选框，将其选中之后，下次打开的时候就不会显示起始页了。

现在已经关闭了起始页，如果重新设置起始页，则选择菜单"编辑"｜"首选参数"命令，单击"分类"列表框中的"常规"选项，在"常规"选项里可以选中"显示起始页"复选框，如图 2-3 所示。下次启动的时候就会重新显示起始页了。

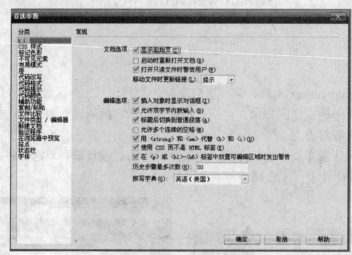

图 2-3   "显示起始页"的设置

2.1.3   Dreamweaver 的工作界面

Dreamweaver 8 的工作界面如图 2-4 所示，包括标题栏、菜单栏、插入栏、文档工具栏、编辑窗口、状态栏、属性面板，浮动面板等。

1．标题栏

Dreamweaver 8 主窗口的顶部是"标题栏"，"标题栏"左侧会显示"Macromedia Dreamweaver 8"，如果新建或打开网页的话，在后面还会显示该网页的信息，如网页标题、所在目录以及文件名称。

2．菜单栏

Dreamweaver 8 的"菜单栏"共分 10 种，包括文件、编辑、查看、插入、修改、文本、命令、站点、窗口和帮助。单击任意一个菜单，就会打开一个下拉菜单。

标题栏　　菜单栏　插入栏　　　　文档工具栏　　　　　　　　　　浮动面板

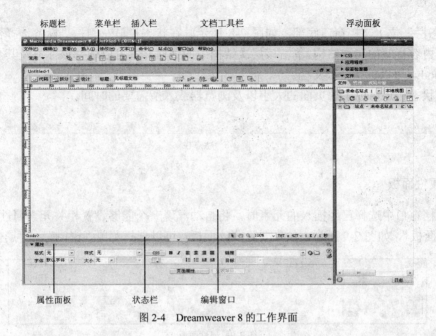

属性面板　　　　　状态栏　　　编辑窗口

图 2-4 Dreamweaver 8 的工作界面

3. 插入栏

"插入栏"提供了对 8 类对象的快捷控制，如常用、布局、表单、文本、HTML、应用程序、Flash 元素和收藏夹，如图 2-5 所示。系统默认显示为"常用"工具栏，也可以在"插入栏"的下拉列表中选择相应的选项命令，这样可以显示对应的工具栏。

图 2-5 "插入栏"下拉列表

如果在"插入栏"下拉列表中选择"显示为制表符"命令，"插入栏"就会显示为制表符样式，如图 2-6 所示。

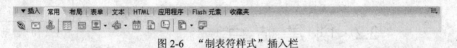

图 2-6 "制表符样式"插入栏

如果用右键单击控制栏，可在弹出的快捷菜单中选择"显示为菜单"命令，就可以再次切换到菜单样式。

4. 文档工具栏

"文档工具栏"左侧包含 3 个视图按钮，即代码视图按钮、拆分按钮、设计试图按钮，单击这些按钮可以切换到相应的视图。右侧提供了编辑工作常用功能按钮，用户可以在各个按钮下拉菜单中进行选择，执行相应的命令或功能，如图 2-7 所示。

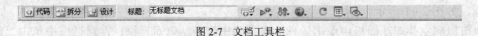

图 2-7 文档工具栏

5. 状态栏

"状态栏"位于文档窗口底部，如图 2-8 所示。在状态栏最左侧是"标签选择器"，显示当前选定内容标签的层次结构。单击该层次结构中的任何标签可以选择该标签及其全部内容，如单击<body>可以选择整个文档。

通过状态栏还可以了解页面的大小以及浏览器载入所需要的时间。

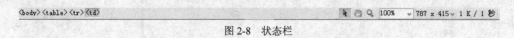

图 2-8　状态栏

6. 属性面板

在文档窗口中选择已经插入的元素时，将自动浮现一个能够设置相关元素属性的面板，即"属性面板"，如图 2-9 所示。如果要隐藏该面板，可以选择菜单"窗口"|"属性"命令。

图 2-9　属性面板

属性面板的内容会随着当前选定的元素变化而不同，属性面板中进行的大多数更改会立刻应用到文档窗口中。属性面板默认显示选中元素的大多数属性。单击属性面板右下角的折叠按钮△，可以折叠属性面板使之仅显示最常用的属性。

7. 浮动面板

"浮动面板"在 Dreamweaver 8 的操作界面中使用可以节省屏幕空间，用户能够根据需要显示不同的浮动面板，拖曳面板可以脱离面板组，使其停留在不同的位置。这些面板包含了很多 Dreamweaver 8 的重要内容，在用户操作中发挥着重要的作用，如图 2-10 所示。

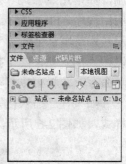

图 2-10　浮动面板组

2.2　创建站点

Dreamweaver 8 是一个站点创建和管理工具，使用它不仅可以创建单独的文档，还可以创建完整的站点。

2.2.1　使用向导创建站点

可以使用"站点定义向导"创建本地站点，具体操作步骤如下。

（1）从菜单栏选择"站点"|"新建站点"命令，弹出"未命名站点 1 的站点定义为"对话框，如图 2-11 所示。

也可以到文件浮动面板中单击管理站点，弹出管理站点对话框，在对话框中单击"新建"

按钮，在弹出的菜单中选择"站点"选项，如图 2-12 所示，也可以出现图 2-11 所示的对话框。

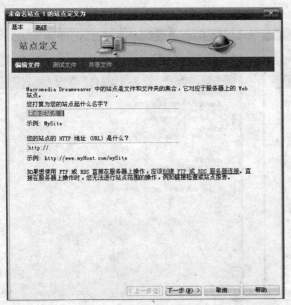

图 2-11　"站点定义"界面之一

图 2-12　选择"站点"命令

（2）选择"基本"选项卡，在"您打算为您的站点起什么名字"的文本框中输入网站的名称，如输入"飞扬书城"。

（3）单击"下一步"按钮，弹出"飞扬书城的站点定义为"对话框，在"您是否打算使用服务器技术？"中单击"否，我不想使用服务器技术"单选按钮，如图 2-13 所示。

（4）单击"下一步"按钮，在"您将把文件存储在计算机上的什么位置？"文本框中输入文件保存的路径，如图 2-14 所示。

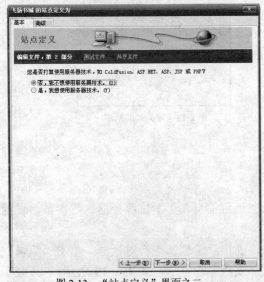

图 2-13　"站点定义"界面之二

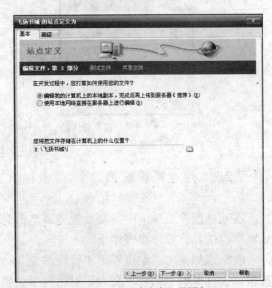

图 2-14　"站点定义"界面之三

（5）单击"下一步"按钮，切换到下一个界面，在"你如何连接到远程的服务器？"下拉列表中选择"无"选项，如图 2-15 所示。

（6）单击"下一步"按钮，切换到下一个界面，将显示站点已经创建完成，如图 2-16 所示。

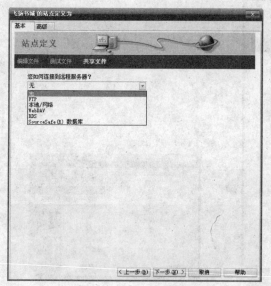

图2-15 "站点定义"界面之四

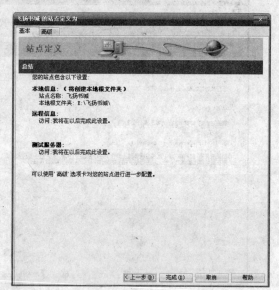

图2-16 "站点定义"界面之五

（7）单击"完成"按钮，弹出"管理站点"对话框，其中显示了刚刚新建站点，如图 2-17 所示。

（8）单击"完成"按钮，在文件浮动面板中显示已定义的本地站点，如图 2-18 所示。

图2-17 "管理站点"对话框

图2-18 定义好的站点

2.2.2 站点高级设置

在"高级"选项卡中主要设置"本地信息"、"远程信息"、"测试服务器"等参数，设置远程信息的具体操作步骤如下。

（1）选择菜单"站点"｜"管理站点"命令，弹出"管理站点"对话框，单击"编辑"按钮，在打开的"站点定义为"对话框中切换到"高级"选项卡，如图 2-19 所示。"高级"选项卡分为左右两部分，左侧为"分类"列表，包括 8 类，右侧显示所选类别的详细参数设置和介绍。

（2）在"高级"选项卡的"分类"列表框中选择"本地信息"选项，如图 2-19 所示。

- ● "站点名称"文本框：设置站点名称。
- ● "本地根文件夹"文本框：设置站点在本地文件中的存放路径。
- ● "自动刷新本地列表"复选框：选中该复选框后可以自动刷新网站中的文件和文件夹。
- ● "默认图像文件夹"文本框：设置默认的存放站点图片的文件夹。但是对于比较复杂的网站，图片往往不只存放在一个文件夹中，因此可以不输入。
- ● "HTTP 地址"文本框：输入网站的网址，如 http://www.163.com。
- ● "区分大小写的链接"复选框：选择该复选框可以对链接的名称的大小写进行区分。
- ● "启用缓存"复选框：选中该复选框可以创建缓存，以加快链接和站点管理任务的速度。

（3）在"高级"选项卡的"分类"列表框中选择"远程信息"选项，如图 2-20 所示。

图 2-19　站点定义"高级"选项卡　　　　　图 2-20　"远程信息"选项区

该分类中可以设置远程服务器类型，共包括 6 种：无、FTP、本地/网络、WebDAV、RDS 和 SourceSafe（R）数据库。

- ● 无：不将站点上传到服务器。
- ● FTP：使用 FTP 连接到 Web 服务器。
- ● 本地/网络：访问本地网络文件夹，或者在本地计算机上运行网页服务器。
- ● WebDAV（基于 Web 的分布式创作和版本控制）：使用 WebDAV 协议连接到网页服务器。对于这种访问方法，必须有支持该协议的服务器，如 Microsoft Internet Information Server（IIS）5.0 和 Apache Web。
- ● RDS（远程开发服务）：使用 RDS 连接到网页服务器。对于这种访问方式，远程文件夹必须位于运行 ColdFusion 服务器环境的计算机上。
- ● Visual SourceSafe（R）数据库：使用 SourceSafe 数据库连接到网页服务器。只有 Windows 支持 SourceSafe 数据库。若要在 Windows 中使用 SourceSafe，必须先安装 Microsoft Visual SourceSafe Client 6。

（4）在"高级"选项卡的"分类"列表框中选择"测试服务器"选项，如图 2-21 所示。

● "服务器模型"下拉列表：设置服务器支持的脚本模式，包括无、ASP JavaScript、ASP VBScript、ASP.NET C#、ASP.NET VB、ColdFusion、JSP 和 PHP MySQL。

● "访问"下拉列表：设置服务器的类型。可以选择无、FTP、本地网络 3 种，目前可以先选择默认的"无"。

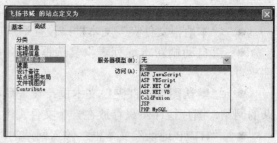

图 2-21　"测试服务器"选项区

● 当在"访问"下拉列表中选择一种服务器类型之后，会在下面显示相应的服务器设置，其中需要设置"测试服务器文件夹"，即设置 Dreamweaver 用来处理动态网页的文件夹。

2.3　添 加 文 本

在 Dreamweaver 8 中输入文本的方法有很多。可以直接在文档窗口中输入文本，也可以从其他文档中剪切并粘贴或导入文本。

2.3.1　添加文本的一般方法

1．输入普通文本

可以用以下方法在文档窗口的设计视图中输入文本。

（1）直接在设计视图中输入文本。先选择要插入文本的位置，然后直接输入文本。

（2）选择并复制其他窗口中已经完成的文本，然后切换到 Dreamweaver 的设计视图，再将文本粘贴到需要插入的位置。

（3）在 Dreamweaver 的设计视图中选择需要插入文本的位置，然后选择菜单"文件"｜"导入"｜"Word 文档"命令，可以将 Word 文档导入到 Dreamweaver 中，并保留原有的格式。

2．输入特殊字符

在 Dreamweaver 中输入特殊字符的方法如下。

（1）利用"文本"插入栏输入特殊字符，操作如下。

● 单击"插入栏"左侧的下拉按钮，在打开的下拉列表中选择"文本"选项，然后单击最右边的"字符"下拉按钮 ，如图 2-22 所示。

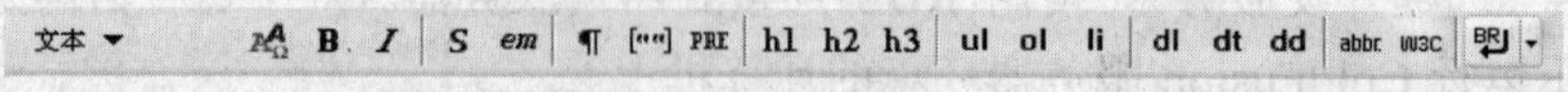

图 2-22　"文本"插入栏

● 在弹出的下拉菜单中选择合适的特殊字符，如£、©、®、®等，如图 2-23 所示。如果没有合适的字符，可以选择"其他字符"选项，在打开的"插入其他字符"对话框中选择需要的特殊字符并单击"确定"按钮即可，如图 2-24 所示。

图 2-23　"特殊字符"下拉列表　　　　　图 2-24　"插入其他字符"对话框

（2）选择菜单"插入"｜"HTML"｜"特殊字符"命令，在子菜单中选择相应的选项。

（3）使用输入法直接输入特殊字符。

（4）复制其他文档中的特殊字符，然后粘贴到设计视图中。

3．输入空格

HTML 规定连续多个空格将被忽视，只显示一个空格，所以 Dreamweaver 中不能直接输入多个空格。若输入多个空格，有以下 5 种方法。

（1）切换中文输入法为全角模式，输入全角的空格。

（2）单击"文本"插入栏中的"字符"下拉菜单按钮，在下拉列表中选择"不换行空格"命令。

（3）选择菜单菜单"插入"｜"HTML"｜"特殊字符"｜"不换行空格"命令。

（4）按"Ctrl+Shift+Space"组合键。

（5）在 HTML 代码中要插入空格的位置输入多个" "，则在设计视图中显示为输入了多个空格。

4．输入日期

（1）在设计视图中直接输入日期的文本。

（2）单击"常用"插入栏中的"日期"按钮，在弹出的"插入日期"对话框中选择需要的日期格式并单击"确定"按钮，如图 2-25 所示。

● 在"星期格式"下拉列表中选择星期的格式，如"星期四"，在"日期格式"下拉列表中选择日期格式，如"1977 年 5 月 4 日"。

● 如果还需要录入时间，可以单击"时间格式"下拉列表选择时间格式。

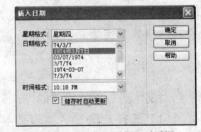

图 2-25　"插入日期"对话框

● 选择"存储时自动更新"复选框，则在日期格式插入到文档中后可以对其进行编辑，如果没有选这项，插入后则变成纯文本。

● 如果要更改日期，可以先用鼠标选中该对象，然后单击"属性"面板中的"编辑日期格式"按钮，打开如图 2-25 所示的"插入日期"对话框，重新进行编辑。

2.3.2 设置文本格式

1. 标题

在 HTML 中，一共定义了 6 级标题，从 1 级～6 级，字体大小依次递减。

设计标题的方法有以下两种。

（1）选择相应的文本，选择菜单"文本"｜"段落格式"命令，然后在子菜单中选择相应的标题，如图 2-26 所示。

（2）选择相应的文字，在"属性"面板上的"格式"下拉列表中选择相应的标题，如图 2-27 所示。

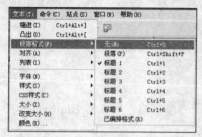

图 2-26 标题设置方法之一

图 2-27 标题设置方法之二

2. 段落

段落就是在格式上统一的文本。在 Dreamweaver 中每输入一段文字后，按 Enter 键，这段文本就会自动成为一个段落，这个操作被称为硬回车。在 Dreamweaver 中，段落就是带有硬回车的文本，而且段落和段落之间会自动空一行来区分。

定义段落的方法有如下 3 种。

（1）输入文本后直接按 Enter 键，将自动生成段落。

（2）将光标移动到需要定义为段落的文字中，选择菜单"文本"｜"段落格式"｜"段落"命令，此时文本就被定义为段落。

（3）将光标移动到需要定义为段落的文字中，在"属性"面板上的"格式"下拉列表中选择"段落"选项。

3. 字体

对文本进行字体设置的方法有以下两种。

（1）选择要设置字体的文本，然后选择菜单"文本"｜"字体"命令，在弹出的子菜单中选择合适的字体类型，如图 2-28 所示。

（2）选择要设置字体的文本，单击"属性"面板上的"字体"下拉按钮，在下拉列表中选择合适的字体类型，如图 2-29 所示。如果没有合适的字体，单击"编辑字体列表"命令，将弹出"编辑字体列表"对话框，如图 2-30 所示。

图 2-28 选择字体方法之一

图 2-29　选择字体方法之二　　　　　　　图 2-30　"编辑字体列表"对话框

4. 颜色

设置文本的不同颜色，有以下几种方法。

（1）选择要设置颜色的文本，然后选择菜单"文本"｜"颜色"命令，将弹出"颜色"对话框（Windows 标准颜色对话框），如图 2-31 所示。选择所需要的颜色，然后单击"确定"按钮。这种方法不推荐使用，因为网页有自己的安全色标准，利用 Window 标准颜色对话框设置颜色，不一定符合安全色标准，有的浏览器可能不能正确显示所设置的颜色。

（2）选择要设置颜色的文本，单击"属性"面板上的"文本颜色"按钮，打开颜色选择器，如图 2-32 所示。

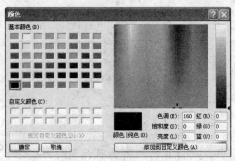

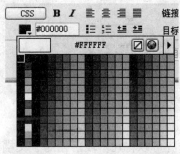

图 2-31　"颜色"对话框　　　　　　　　图 2-32　在"属性"面板中设置颜色

（3）在"属性"面板上单击"页面属性"，选择菜单"修改"｜"页面属性"命令，弹出"页面属性"对话框，可以设置文本的字体颜色，如图 2-33 所示。

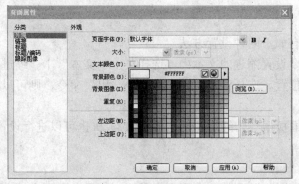

图 2-33　"页面属性"对话框

5. 文本大小

选择要设置的文本，在"属性"面板上的"大小"下拉列表中选择合适的文本大小，也可以在文本框中直接输入数值来改变文本大小，如果不设置文本大小，则选择"无"选项，此时，文本就恢复为默认的文本大小，如图 2-34 所示。

也可以执行菜单栏里的命令来修改文本的大小，这里不再赘述。

6. 文本的样式

文本的样式，即文本的显示方式，如加粗、倾斜、下划线、删除线等。

设置文本样式的方法是首先选择要设置的文本，然后选择菜单"文本"|"样式"命令，如图 2-35 所示，在子菜单中选择合适的样式。

图 2-34　设置文本大小

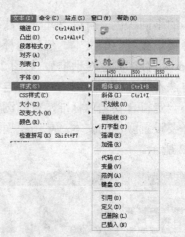

图 2-35　设置文本样式

7. 对齐

对齐可以将几个段落相对于文档窗口进行对齐，共有 4 种对齐方式：左对齐、居中对齐、右对齐、两端对齐。

设置方法同上所述，可以选择菜单"文本"|"对齐"命令来实现，也可以在"属性"面板上单击对齐方式的按钮 ≡ ≡ ≡ ≡ 实现，另外也可以单击鼠标右键来完成。

8. 缩进和凸出

文本缩进和凸出有如下两种设置方法。

（1）将光标至于要设置缩进的文本中，选择菜单"文本"|"缩进"命令，就可以将文本向右移两个字符的位置。选择菜单"文本"|"凸出"命令，则可以将文本向左移两个字符的位置。

（2）在"属性"面板中单击缩进和凸出的按钮 ≝ ≝ 也可以进行设置。

9. 文本列表

大多数情况下，需要将并列的文字用列表显示。如果在网页文档中设置文本列表，可以用现有文本或新建文本来创建编号（排序）列表、项目符号（不排序）列表和自定义列表。

（1）项目列表的类型。项目列表根据各个项目之间是否有先后次序，可以分为有序列表和无序列表。

无序列表表示各个项目之间没有先后次序，通常用正方形、菱形等符号作为列表项的前缀。而有序列表正好相反，各项目之间具有明确的先后关系，前缀符号常常是阿拉伯数字、罗马数字、英文字母等。图 2-36 和图 2-37 所示分别为有序列表和无序列表的实例。

・苹果	1. 数学
・橘子	2. 英语
・香蕉	3. 语文
・荔枝	4. 物理

图 2-36　无序列表　　　　　　　　　图 2-37　有序列表

（2）对现有文档进行项目列表。列表可以增加文本内容的条理性。在 Dreamweaver 中创建项目列表非常简单，具体操作如下。

● 创建无序列表。选择所输入的文本，然后选择菜单"文本"｜"列表"｜"项目列表"命令，或者单击"属性"面板下方的"项目列表"按钮 。

● 创建有序列表。选择所输入的文本，然后选择菜单"文本"｜"列表"｜"编号列表"命令，或者单击"属性"面板下方的"编号列表"按钮 。

（3）设置列表属性。在建立有序列表和无序列表时，默认只有一种前缀，其实还可以通过修改列表属性来改变前缀。

选择菜单"文本"｜"列表"｜"属性"命令，打开"列表属性"对话框，如图 2-38 所示。

"列表类型"选择项目列表，"样式"可以选择正方形，此时无序列表的前缀将会用正方形来表示，如图 2-39 所示。

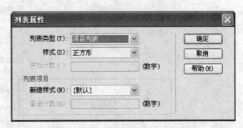

图 2-38　"列表属性"对话框

"列表类型"选择编号列表，"样式"可以选择小写罗马字母，此时有序列表的前缀将会用小写罗马字母来表示，如图 2-40 所示。

・苹果	i. 数学
・橘子	ii. 英语
・香蕉	iii. 语文
・荔枝	iv. 物理

图 2-39　"正方形"无序列表　　　　　　　图 2-40　"小写罗马字母"有序列表

2.3.3　文字变化典型实例

该例主要介绍在网页中插入文字并对文字进行修饰的方法，包括色彩变化、大小变化、特殊字符、斜体粗体、段落缩进、对齐效果等。灵活掌握这些方法，对网页制作能起到很大的帮助。最终的效果如图 2-41 所示。

具体操作步骤如下。

（1）新建文档。启动 Dreamweaver 8 ，选择菜单"文件"｜"新建"命令，建立空白页面。

（2）插入一个 6 行 2 列的表格。选择菜单"插入"｜"表格"命令，选择 6 行 2 列即可，并随意输入一些文字，如图 2-42 所示。

色彩变化	选择要设置的文本
大小变化	动态网页与**静态**网页是相对的
字体变化	接到客户的业务咨询， 接到客户的业务咨询，
特殊字符	©™®£€£
斜体粗体	**经过双方不断的接洽和 *了解*，并经过基本的可行**
段落缩进	这些"动态效果"只是视觉上的，与动态网页并无直接联系。 动态网页与静态网页是相对的 能实现数据库支持、与用户交互等功能。
对齐效果	在程序员进行详细设计的同时，网页美工开始设计网站的整体形象和首页。 整体形象设计包括标准字、Logo、标准色彩、广告语等。 首页设计包括版面、色彩、图像、动态效果。

图 2-41　网页文字操作的效果图

色彩变化	选择要设置的文本
大小变化	动态网页与静态网页是相对的
字体变化	接到客户的业务咨询， 接到客户的业务咨询，
特殊字符	
斜体粗体	经过双方不断的接洽和了解，并经过基本的可行
段落缩进	这些"动态效果"只是视觉上的，与动态网页并无直接联系。 动态网页与静态网页是相对的 能实现数据库支持、与用户交互等功能。
对齐效果	在程序员进行详细设计的同时，网页美工开始设计网站的整体形象和首页。 整体形象设计包括标准字、Logo、标准色彩、广告语等。 首页设计包括版面、色彩、图像、动态效果。

图 2-42　新建网页文字

（3）色彩变化。每次选择一个字，然后用属性检查器中的调色板改变文字的颜色。

（4）大小变化。将所选定的文字设置不同的字号。

（5）特殊字符。插入几个特殊字符，选择菜单"插入"｜"HTML"｜"特殊字符"命令实现特殊字符的插入。

（6）粗体斜体。选择需要变化的文字，然后单击属性面板中的按钮**B** *I* 使所选文字成为粗体或斜体。

（7）段落缩进。选择需要变化的文字，然后单击属性面板中的按钮 ≝ ≝ 使所选文字进行段落缩进。

（8）对齐效果。选择需要变化的文字，然后单击属性面板中的按钮 ≡ ≡ ≡ 使所选文字进行左对齐、右对齐或居中对齐。

2.4　超　链　接

超链接是组成网站的基本元素，它将千千万万个网页组织成一个个网站，又将千千万万个网站组成风靡全球的 WWW，也可以说，超链接就是 Web 的灵魂。

2.4.1　超链接概述

网页中的超链接就是以文字或图像作为链接对象，然后指定一个要跳转的网页地址。当浏览者单击文字或图像时，浏览器将会跳转到指定的目标网页。

1. 超链接的分类

根据超链接目标文件的不同，可以分为页面超链接、锚点超链接、电子邮件超链接；根据超链接单击对象的不同，可以分为文字超链接、图像超链接、图像映像等。

2. 路径

创建超链接时必须了解链接和被链接文本的路径，路径通常有绝对路径、相对路径、根相对路径 3 种表示方式。

（1）绝对路径。绝对路径就是被链接文件的完整的 URL，路径和链接的源端无关，只要链接的网站地址不变，无论文件在网站中如何移动，都可以实现正常跳转。一般情况下，创建到其他网站的链接时使用绝对路径。表示方法如下：[协议]://[URL 地址] /[端口] /[目录] /…/[文件名]，如 http://news.163.com/08/0708/14/4GBAA1IF0001121M.html。

尽管对本地链接（同一站点内文档的链接）也可以使用绝对路径链接，但不建议采用这种方式，因为如果将此站点移到其他域中，则所有本地的绝对路径链接将都断开。在本地链接使用相对路径，也便于在本地站点内移到文件。

（2）相对路径。相对路径是以文件所在位置为起点，到被链接文件通过的路径。指定相对路径时，省去了当前文件和被链接文件 URL 中的相同部分，只留下不同的部分，适合使用在本地链接里。其表示方法如下：

../[相对目录]/…/[文件名]

其中，..表示上一级文件夹。

（3）根相对路径。根相对路径是指从站点的根文件夹到被链接文件的路径。根相对路径是绝对路径和相对路径的折衷，是指定网站内文件链接的最好方法，因为在移动一个包含相对链接的文件时，无需对原有的链接进行修改。其表示方法如下：

/[目录]/../[文件名]

其中，斜线/表示站点的根文件夹。所有基于根目录的路径都是从斜线开始的。

2.4.2　创建超链接

使用 Dreamweaver 8 创建链接非常简单，只要选中要设置成链接的文字或图像，然后在属性面板的"链接"文本框中输入相应的 URL 路径就可以创建内部链接（同一站点内链接）和外部链接（不同站点之间的链接）。

创建链接的方法有以下几种。

1. 使用属性面板创建链接

（1）选择编辑窗口中的文字或图像。

（2）选择菜单"窗口"｜"属性"命令，弹出"属性"面板，单击"链接"文本框右边的"选择文件"图标按钮，在弹出的"选择文件"对话框中浏览并选择一个文件，如图 2-43 所示。或者在"链接"文本框中直接输入要链接的文件的路径和文件名。

（3）选择被链接文件的载入目标。默认情况下，被链接文件在当前窗口或框架中打开。要是被链接文件显示在其他地方，需要从属性面板的"目标"下拉列表中选择一个选项，如图 2-44 所示。

图 2-43 "选择文件"对话框

图 2-44 设置目标属性

- _blank：将被链接文件载入到新的未命名浏览器窗口中。
- _parent：将被链接文件载入到父框架集或包含该链接的框架窗口中。
- _self：将被链接文件载入到与该链接相同的框架或窗口中。
- _top：将被链接文件载入到整个浏览器窗口并删除所以框架。

2．使用指向文件图标创建链接

在"属性面板"中拖曳"链接"文本框右边的"指向文件"图标可以快速创建链接。拖曳鼠标时会出现一条带箭头的细线，指示要拖曳的位置，指向文件后只需释放鼠标，即会自动生成链接。使用"指向文件"图标可以方便快捷地创建指向站点文件面板中的一个文件或者图像文件，如图 2-45 所示。

3．使用"超级链接"对话框创建链接

选择要创建链接的文本或图像，然后选择菜单"插入"｜"超级链接"命令，弹出"超级链接"对话框，如图 2-46 所示。或者单击"常用"插入栏中"超级链接"按钮 也会弹出"超级链接"对话框。

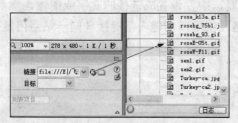
图 2-45 拖曳"指向文件"图标创建文件链接

图 2-46 "超级链接"对话框

4. 使用快捷菜单创建链接

在编辑窗口中，选择要创建链接的文本或图像，然后单击右键，在弹出的快捷菜单中选择"创建链接"命令，也会弹出如图 2-43 所示的"选择文件"对话框，选择相应文件，即可创建链接。

5. 直接拖曳创建链接

在编辑窗口中，选择要创建链接的文本或图像，按住 Shift 键，在选定的文本上拖曳鼠标指针，在拖曳时会出现指向文件图标，拖曳鼠标到站点文件中的另一个文件，最后释放鼠标，即可形成对这个文件的链接。

2.4.3　链接的种类

1. 普通链接

文字链接是超级链接最普遍的方式，使用不仅最为简单，而且占有网络带宽最少。一般门户网站页面上的文字链接占全部链接的 70%以上。

2. 锚点链接

锚点链接指向的是本网页中或其他网页中的指定位置，从而使浏览者可以快速到达指定的位置，所以锚点链接特别适合各个章节之间的跳转，以及长篇文字的阅读等。锚点链接和其他链接制作不太相同，在使用前必须先定义一个锚点，然后在其他的地方指向这个锚点。

（1）设置锚点。设置锚点的具体操作步骤如下。

● 在设计视图中，将光标移动到需要设置锚点的地方，或选择需要作为锚点的文本。

● 选择菜单"插入"｜"命名锚记"命令，或按 Ctrl+Alt+A 组合键，或单击"常用"插入栏中的"命名锚记"按钮，弹出"命名锚记"对话框，如图 2-47 所示。

● 在"锚记名称"文本框中输入或修改锚点名称，单击"确定"按钮，退出该对话框。

● 此时在窗口中显示一个锚点标记，如图 2-48 所示。

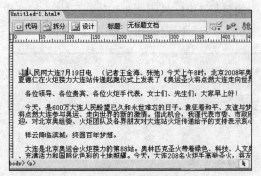

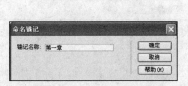

图 2-47　"命名锚记"对话框　　　　　　　图 2-48　插入锚点

注：如果在设计视图中没有看到锚记，则可以在菜单选择"查看"｜"可视化助理"｜"不可见元素"命令进行查看。

（2）创建锚点链接。创建锚点链接的步骤如下。

● 选择要建立链接的文本或图像。

● 在"属性面板"的"链接"文本框中输入#号和锚记名称。例如，输入"#第一章"。如图 2-49 所示。

● 在"目标"下拉列表中选择链接的目标窗口或框架。

● 保存网页，按 F12 键可在浏览器中预览运行效果。

3．E-mail 链接

E-mail 链接也是众多网站上网页的重要内容之一，浏览者只需要在该链接上单击鼠标，就可以打开邮件发送程序，与企业或个人进行交流。电子邮件链接与其他超级链接稍有不同，链接地址不再以 HTTP 开头，而是用 mailto，设置链接的方式与其他链接一样。

创建电子邮件链接的具体操作步骤如下。

（1）在设计视图中，选择要作为电子邮件链接的文字或将光标置于需要设置电子邮件链接的地方。

（2）选择菜单"插入"｜"电子邮件链接"命令，或单击"常用"插入栏中的"电子邮件链接"按钮，弹出"电子邮件链接"对话框，如图 2-50 所示。

图 2-49 "创建锚点链接"属性面板

图 2-50 "电子邮件链接"对话框

（3）在"电子邮件链接"对话框的"文本"文本框中输入文本或编辑作为电子邮件链接的文本。在"E-mail"文本框中输入正确的电子邮件地址。

（4）单击"确定"按钮，退出该对话框。

（5）"属性"面板窗口如图 2-51 所示，也可以在属性窗口中修改 E-mail 链接地址。

4．空链接

相比以上介绍的所有超链接种类，空链接最为独特，它是一种没有链接对象的链接。空链接中的目标 URL 是用"#"来表示的，在制作链接时，只要在"属性"面板的"链接"文本框中录入"#"标记即可，如图 2-52 所示。

图 2-51 "电子邮件链接"属性面板

图 2-52 创建空链接

5．脚本链接

脚本链接是一种特殊类型的链接，通过单击带有脚本链接的文本或对象，可以运行相应的脚本及函数（如 JavaScript、VBScript 等），从而为浏览者提供许多附加信息。脚本链接还可以被用来确认或验证表单等。

创建脚本链接的具体操作步骤如下。

（1）在编辑窗口，选择要创建链接的文本或其他对象。

（2）在"属性"面板中的"链接"文本框中输入"JavaScript："，接着输入相应的 JavaScript 代码或函数，如 JavaScript:alert（'您好，谢谢光临！'），如图 2-53 所示。

（3）在脚本链接中，由于 JavaScript 代码出现一对双引号，所有代码中原先的双引号应该改成单引号。

（4）在浏览器中浏览网页，单击脚本链接时，会弹出如图 2-54 所示的对话框。

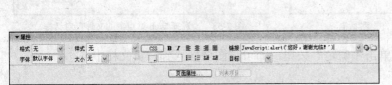

图 2-53　创建脚本链接　　　　　　　　　　图 2-54　脚本链接运行效果

2.5　插入图像

图像文件格式很多，但是能在网上使用的只有 3 种，即 GIF、JPEG 和 PNG。其中，GIF 和 JPEG 图像文件格式在网上使用最广，被大多数浏览器支持。

2.5.1　插入图像对象

在 Dreamweaver 中向网页文件插入图像，Dreamweaver 会自动生成该图像的路径引用，如果使图像能够正确地在网页中显示，必须保证此图像文件在当前的站点内。如果不在站点内，Dreamweaver 会提示是否将此图像复制到当前站点的文件夹中。

插入图像的类型主要有以下 4 种。

1.　插入单个图像

（1）选择要插入图像的位置，然后选择"插入"｜"图像"命令，如图 2-55 所示，或者单击"常用"插入栏中的"图像"菜单按钮，在弹出的下拉列表中选择"图像"，如图 2-56 所示。

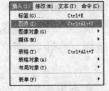　　　　　

图 2-55　插入图像方法之一　　　　　　　图 2-56　插入图像方法之二

（2）在弹出的"选择图像源文件"对话框中，选择本地的图像文件，如图 2-57 所示，也可以单击"站点和服务器"按钮，选择 Web 站点上的文件，如图 2-58 所示。

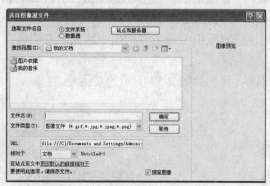

图 2-57　"选择图像源文件"对话框　　　　图 2-58　"选择 Web 站点上的文件"对话框

（3）选择图像文件后，单击"确定"按钮，即可将图像插入到网页文档中。

2. 插入图像占位符

图像占位符是最终图像的一个暂时替代品。虽然没有最终的图像，但是可以让设计者很直观地看到设计的整体效果。插入图像占位符的具体操作步骤如下。

（1）选择要插入图像占位符的位置，然后选择菜单"插入"｜"图像对象"｜"图像占位符"命令，或者单击"常用"插入栏中的"图像"按钮在弹出的下拉菜单中选择"图像占位符"，将弹出"图像占位符"对话框，如图 2-59 所示。

（2）在"名称"文本框中，输入作为图像占位符标签文字所显示的文本。如果不需显示标签文字，可保持此文本框空白。

图 2-59　"图像占位符"文本框

（3）在"宽度"和"高度"文本框中，设置占位符的大小，也可以设置颜色。

（4）在"替换文本"文本框中，输入描述此图像占位符的文字，当浏览器不能显示该图像占位符时，就会显示该替换文本。

（5）单击"确定"按钮，文档中就会出现一个指定大小和颜色的图像占位符。

选中该图像占位符，也可以通过属性面板来修改图像占位符的属性，如大小，颜色，替换文本等。

3. 插入鼠标指针经过的图像

鼠标指针经过的图像实际上是由两幅图像组成的，即原始图像和鼠标指针经过的图像。原始图像是首次网页装载时显示的图像；鼠标指针经过的图像是鼠标指针移动到原始图像上时，用来替换原始图像的图像。设置插入鼠标指针经过的图像的具体操作步骤如下。

（1）选择要插入鼠标指针经过的图像的位置，选择菜单"插入"｜"图像对象"｜"鼠标经过图像"命令，或者单击"常用"插入栏中的"图像"按钮，在下拉菜单中选择"鼠标经过图像"，弹出"插入鼠标经过图像"对话框。

（2）在"图像名称"文本框中输入名称，在"原始图像"文本框中输入原始图像的路径和文件名，也可以单击"浏览"按钮进行选择，选择一幅合适的图像。"鼠标经过图像"文本的设置方法相同。

（3）在"替换文本"文本框中，输入替换文字，当浏览器不能显示该图像时，就会显示该替换文本。

（4）"按下时，前往的 URL"文本框中设置该图像的链接网址，如图 2-60 所示。

当网页装载时，首先显示"Blue hills.jpg"图像，当鼠标指针经过该图像时，便会显示"Winter.jpg"图像。单击图像，会链接到 http://www.163.com 网站。

图 2-60　"插入鼠标经过图像"对话框

4．插入导航条

导航条由图像和图像组组成，这些图像显示的内容会随用户操作的变化而变化。导航条通常为站点上的页面和文件之间的转换提供一条简洁的途径。导航条项目有 4 种状态：一般状态、鼠标指针经过状态、按下状态、按下时鼠标指针经过状态。

插入导航条的具体操作步骤如下。

（1）选择要插入导航条的位置，选择菜单"插入"｜"图像对象"｜"导航条"命令，或者单击"常用"插入栏中的"图像"按钮，在下拉菜单中选择"导航条"，将弹出"插入导航条"对话框，如图 2-61 所示。

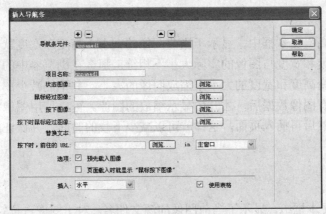

图 2-61　"插入导航条"对话框

（2）在导航条里，每个链接图像即为一个项目，全部导航条项目都显示在"导航条元件"列表框中。单击 ⊞ 按钮，将增加一个项目，在列表框中选择一个项目，单击 ⊟ 按钮，可以删除选择项目。选中一个项目，单击 ▼ 和 ▲ 按钮，可以调整选择的项目在导航条里的排列位置。

（3）"项目名称"文本框：为项目设置名称。

（4）"状态图像"文本框：设置这个项目原始图像，可单击"浏览"按钮，选择源图像文件。

（5）"鼠标经过图像"文本框：设置当鼠标指针经过这个项目的原始图像时变成的图像，可单击"浏览"按钮，选择图像文件。

（6）"按下图像"文本框：设置当鼠标左键按下时，这个项目所显示的图像，可单击"浏览"按钮，选择图像文件。

（7）"按下时鼠标经过图像"文本框：设置当鼠标左键按下后，鼠标指针经过这个项目所变成的图像，可单击"浏览"按钮，选择图像文件。

（8）"替换文本"文本框：设置当图像无法显示时，所显示的文字说明。

（9）"按下时，前往的 URL"文本框：设置当单击这个项目时所链接的网址。

（10）"插入"下拉列表：设置导航条的排列方式，选择"水平"，则导航条将水平排列，如果选择"垂直"，则导航条将垂直显示。

（11）"使用表格"复选框：选择该复选框，导航条将用表格排版，每个链接图像位于一个单元格内。

（12）单击"确定"按钮，即可在网页中插入一个导航条。

2.5.2　设置图像属性

在网页中插入原始图像后，往往达不到预想的效果，这时就需要对图像进行相关的设置。打开文档，选中要修改的图像，然后在属性面板中改变图像属性，如图 2-62 所示。

图 2-62　在"属性"面板修改图像属性

1. 图像大小

在"宽"和"高"文本框中，显示了当前图像的大小，高度和宽度默认为以像素点为单位。如果设置的高度和宽度与图像的实际大小不相符，那么在浏览器中的图像可能就不能正确显示。简单的改变高度和宽度的大小来缩放图像的大小，并不能减少图像的下载时间，因为浏览器在下载所有图像数据后，才开始显示缩放的图像。可以使用图像编辑器先把图像缩放到合适的大小，然后再插入页面，这样就可以减少下载的时间，并保证图像以正确的大小来显示。

2. 源文件

在"源文件"文本框中，显示了当前图像的源文件名。对于图像占位符，此文本框为空。如果想更改图像源文件，可以在此通过设置源文件名的方法来实现，实现方法有如下几种。

（1）直接在"源文件"文本框中输入图像 URL 地址。

（2）将"源文件"文本框旁边的"指向文件"图标 拖曳到"文件面板"中，指向某个图像文件，此时图像文件便会更改。

（3）单击"指向文件"图标右侧的"浏览文件"图标，弹出"选择图像源文件"对话框，选择相应图像文件。

（4）在设计视图中双击图片，将弹出"选择图像源文件"对话框。

3. 链接

网页上不仅可以为选定的文本设置超链接，也可以为图像设置超链接。在图像上添加超链接的方法有两种，即整个图像和图像的某些区域。当用户浏览时，单击图像的热点区域，就可以跳转到相应的文件、锚点或信箱。在该链接文本框中可为图像指定超链接，设置方法如下。

（1）选中要设置链接的图像或图像区域，选择菜单"修改"｜"创建链接"命令，将打开"选择文件"对话框，选择站点内的一个文件，或者在下方的 URL 文本框中直接输入网页文件的地址。单击"确定"按钮，即可完成链接的设置。

（2）选中要设置链接的图像或图像区域，在"属性"面板上的"链接"文本框中直接输入 URL 地址。

（3）选中要设置链接的图像或图像区域，拖曳"链接"文本框右侧的"指向文件"图标 指向"文件"面板中的文件。

（4）选中要设置链接的图像或图像区域，单击"链接"文本框右侧的"浏览文件"图标，将弹出"选择文件"对话框。

如果将图像设置超链接之后，还需要在目标域中指定页面链接时的目标窗口或框架，链接页面的目标框架窗口有_blank、_parent、_self、_top4 种链接方式。

4．替换文本

"替换文本"是设置图像位置时所显示的文字说明。对于一些只显示文本的浏览器来说，为图像提供替换文本是非常重要的。当浏览器不能显示图像时，用户可在这里浏览所设置的文本的内容，而不会影响浏览效果。而有的浏览器中，当鼠标指针移动到图像上时，会显示替换文本。

5．编辑图像

（1）使用外部编辑器编辑图像。Dreamweaver 中提供了对已选定的图像进行编辑的外部编辑器 Fireworks，可以对图像进行外部编辑。

可以单击图像编辑按钮 ，启动默认的外部编辑器 Fireworks 编辑图像。Fireworks 是一款优秀的网页图像处理应用软件，和 Dreamweaver 同属一家公司产品。

（2）使用 Fireworks 优化。首先选择需要优化的图像，单击"使用 Fireworks 最优化"按钮 ，打开 Fireworks "优化"对话框，对图像进行优化。

（3）裁剪图像。裁剪图像可以从图像中裁剪掉多余的部分。

现在设计视图中选择需要裁剪的图像，单击"属性"面板上的"裁剪"按钮 ，在弹出的提示框中单击"确定"按钮，图像周围会出现裁剪控制点，表示为白色线框。调整裁剪控制点直到符合要求，然后双击或按 Enter 键裁剪所选区域，所选图像边界框的外部将被删除，只保留图像中边框内的部分。

（4）重新取样图像。可重新取样已经调整大小的图像，从而提高图片的品质。首先选择需要重新取样的图像，然后单击"属性"面板中的"重新取样"按钮 ，在弹出的对话框中单击"确定"按钮即可。

（5）调整图像的亮度和对比度。选择图像，单击"属性"面板中的"亮度和对比度"按钮 ，弹出"亮度和对比度"对话框，如图 2-63 所示。拖曳亮度和对比度滑动块，可调整图像亮度和对比度的设置，也可在后面的文本框中输入具体数值来实现。

（6）锐化图像。锐化图像用于调整图像的清晰度。方法是首先在设计视图上选择要锐化的图像，单击"属性"面板上的"锐化"按钮△，打开"锐化"对话框，如图 2-64 所示。

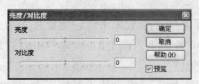

图 2-63　"亮度/对比度"对话框　　　　　图 2-64　"锐化"对话框

拖曳滑块或是在文本框中输入 0～10 之间的数值，可指定图像的锐化程度。

注意，Dreamweaver 图像编辑功能仅适用于 JPEG、PNG、JPG 和 GIF 图像文件格式，其他图像文件格式无法使用该图像编辑器。

6. 低解析度源

这里指在载入主图像之前所载入的图像。许多设计人员使用二位（黑白）图像版本，由于它们的数据量比较小，在主图像载入之前能很快显示，使访问者能对他们等待的图像内容有所了解。当然，在这里也可以指定任何与主图像大小相同的图像，不一定是主图像的缩略图。

7. 设置边框和边距

可以在"边框"文本框中设置图像边框的宽度，以像素为单位，默认值为 0，表示无边框。输入一个非零数值，图像周围被镶上黑色的边框，输入的数值越大，边框越宽。

边距是图像和周围元素间的距离，在垂直边距和水平边距文本框中可为图像的边缘添加边距，单位也是像素。

（1）垂直边距：沿图像顶部和底部添加边距，改变图像上下和其他元素之间的距离。

（2）水平边距：沿图像左右两侧添加边距，改变图像左右与其他元素之间的距离。

8. 对齐

在"属性"面板中可设置同一行上的图像和页面其他元素的对齐方式，设置方式是首先选定图像，然后在"属性"面板中的"对齐"下拉列表中选择具体的对齐方式，具体的对齐方式有以下几种。

（1）默认值：通常与指定的基线对齐，当然随着浏览器的不同，默认值也不同。

（2）基线：所选对象的底部与文本的基线对齐。

（3）顶端：图像顶端与文本或图像的顶端对齐。

（4）居中：图像的中部与当前行的基线对齐。

（5）底部：所选对象与文本的底部对齐。

（6）文本上方：图像的顶端与文本行中最高字符的顶端对齐。

（7）绝对居中：图像的中部与文本的中部对齐。

（8）绝对底部：图像的底部与文本的底部对齐。

（9）左对齐：图像放置在左边，文本在图像的右侧换行。

（10）右对齐：图像放置在右边，文本在图像的左侧换行。

2.5.3　创建热点区域

前面介绍过对整个图像设置链接，即单击该图像就可以链接到其他地方。然而，如果通过单击图像的不同部分链接到不同地方，那么就需要用"图像地图"标注和创建客户端热点区域。

图像地图就是将图像划分为多个不同的区域，每个区域对应不同的 URL 地址，当用户单击不同区域时就会链接到不同的目的地。

在一个图像上创建热点区域的方法如下。

（1）选中要创建热点区域的图像，打开"属性"面板。

（2）在"属性"面板中的"地图"文本框中输入该热点区域的名称。

（3）创建圆形的热点区域，则单击椭圆形的热点工具，然后在图像上的某个区域拖曳鼠标指针，从而创建一个圆形的热点区域，也可以选择矩形和多边形热点工具来创建热点区域。如图 2-65 所示。

（4）创建热点区域之后，热点区域的"属性"面板如图 2-66 所示。

图 2-65　"热点"区域的设置

图 2-66　"热点"属性设置

（5）在"链接"文本框设定链接的 URL 地址。

（6）在"目标"下拉列表中，设置链接目标文件的打开窗口类型。

（7）在"替换"文本框中输入给图像热点区域的替换文字。

2.6　插入多媒体对象

随着家庭多媒体设备的迅速普及以及网络带宽的逐步增加，多媒体文件在网络中迅速传播。现在可以加载到网页的多媒体格式主要有音频文件（如 mp3、wav、mid、au、wma）和视频文件（如 avi、asf、mpeg、wmv）等。

2.6.1　插入 Flash 文本

Flash 文本就是包含文本的动画，在其中可以设置字体、字号、颜色和链接，并能响应鼠标事件。插入 Flash 文本的具体操作步骤如下。

（1）将光标定位在要插入 Flash 文本的位置。

（2）选择菜单"插入"｜"媒体"｜"Flash 文本"命令，或者单击"常用"插入栏中的"媒体"｜"APPLET"按钮旁的下拉列表中选择"Flash 文本"命令，如图 2-67 所示。

（3）Dreamweaver 提示先保存文件，然后弹出"插入 Flash 文本"对话框，如图 2-68 所示。

图 2-67 "媒体"按钮

图 2-68 "插入 Flash 文本"对话框

（4）在"字体"下拉列表中选择一种字体样式，并在后面的"大小"文本框中输入一个数字表示文本的大小。

（5）在"颜色"文本框中设置 Flash 文本的正常显示颜色，在"转滚颜色"文本框中设置鼠标指针经过时的颜色。

（6）在"文本"文本框中输入 Flash 文本的内容，选择"显示字体"复选框，则显示为选择字体。

（7）如果希望 Flash 文本具有链接功能，则在"链接"文本框中设置链接对象，并在"目标"下拉列表中设置目标窗口。

（8）在"背景色"文本框中设置 Flash 文本的背景色。

（9）在"另存为"文本框中可将 Flash 文本保存为指定的路径和文件名。

（10）单击"确定"按钮，关闭此对话框。

（11）选中该文本，打开"属性"面板，单击"播放"按钮，可以在"设计"视图中预览 Flash 文本的效果。如果不满意，还可以在面板上重新设置该 Flash 文本的属性值，如图 2-69 所示。

图 2-69 Flash 文本对象的"属性"面板

注：在设计视图中不能预览链接，必须在浏览器中才能看到链接效果。

2.6.2 插入 Flash 按钮

（1）新建一个文件，并保存。

（2）在文件的设计视图中，将光标置于要插入 Flash 按钮的位置。

（3）选择菜单"插入"|"媒体"|"Flash 按钮"命令，或者单击"常用"插入栏中的

"媒体：APPLET"按钮旁的下拉按钮，选择下
拉菜单中的"Flash 按钮"命令，将打开"插入
Flash 按钮"对话框，如图 2-70 所示。

（4）在"样式"列表框中选择按钮样式，
在"范例"选项区域中将显示按钮的样式。也
可以单击右边的"获取更多样式…"按钮，来
通过网络搜索更多的按钮样式。

（5）在"按钮文本"文本框中输入 Flash
按钮文本。

（6）在"字体"下拉列表中选择一种字体
样式，并在后面的"大小"文本框中输入一个
数字表示文本的大小。

（7）在"链接"文本框中设置链接对象，
并在"目标"下拉列表中设置目标窗口。

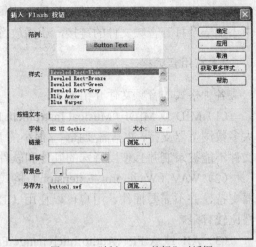

图 2-70　"插入 Flash 按钮"对话框

（8）在"背景色"文本框中设置 Flash 按钮的背景色。

（9）在"另存为"文本框中定义文件名，并保存为 SWF 格式的文件。

（10）单击"确定"按钮，退出该对话框。

2.6.3　插入 Flash 动画

Flash 是网络矢量动画的领跑者，与 Dreamweaver、Fireworks 一起被称为网页三剑客，
可见其地位的重要。Flash 动画以文件小巧、下载速度快、特效精美、支持流媒体和强大交互
功能而成为网页中最流行的动画格式，被大量应用于网页页面。

在 Dreamweaver 中插入 Flash 的具体操作步骤如下。

（1）在设计视图中，将光标定位在要插入 Flash 动画的位置。

（2）选择菜单"插入"｜"媒体"｜"Flash"命令，或者单击"常用"插入栏中的"媒
体"｜"APPLET"按钮旁的下拉按钮，选择下拉菜单中的"Flash"
命令，弹出"选择文件"对话框。

（3）在"选择文件"对话框中选择要插入的 Flash（.swf）文件，
然后单击"确定"按钮，即可在当前位置插入一个 Flash 动画，此时
编辑窗口中出现一个带有字母 F 的灰色区域，如图 2-71 所示，只有在
预览状态下才可以观看到 Flash 动画效果。

图 2-71　插入 Flash 动画

2.6.4　插入语音

语音是多媒体网页的重要组成部分。目前存在不同类型的音频文件和格式，也有不同的
方法将这些语音添加到 Web 页中。由于网络的音频文件的格式非常多，常用的有 MIDI、WAV、
AIF、MP3 和 RA 等，用户在使用这些格式的文件时，需要加以区别。很多浏览器不用插件
也可以支持 MIDI、WAV 和 AIF 格式的文件，而 MP3 和 RM 格式的音频文件则需要专门的
插件支持，浏览器才能播放。

一般来说，不要使用音频文件作为背景音乐，这样会影响网页下载速度。故可以在网页中添加一个打开音频文件的链接，让播放音乐变为用户可以控制。

1. 常用音频格式

各种格式的音频文件介绍如下。

（1）MID 或 MIDI（Musical Instrument Digital Interface）是一种乐器音频格式，它能够被大多数浏览器支持，并不需要插件。很小的 MIDI 文件也可以提供较长时间的声音剪辑。MIDI 文件不能被录制并且使用特殊的硬件和软件在计算机上合成。

（2）WAV（Waveform Extension）格式的文件具有较高的声音质量，能够被大多数浏览器支持，并不需要插件。用户可以使用 CD、麦克风来录制声音，但文件通常较大，网上传播比较有限。

（3）AIF 或 AIFF（Audio Interchange File Format），也具有较高的质量，和 WAV 声音很相似。

（4）MP3，是 Motion Picture Experts Group Audio 或 MPEG.AudioLayer3 的简称，是一种压缩格式的声音，文件大小比 WAV 格式明显缩小。其声音品质非常好，正确录制和压缩 MP3 文件质量甚至可以和 CD 质量相媲美。MP3 是网上比较流行的音乐格式，它支持流媒体技术，方便用户边下载边听。

（5）RA（或 RAM）、RPM 和 RealAudio，这种格式具有非常高的压缩程度，文件大小小于 MP3。其能够被快速下载和传播，同时支持流媒体技术，是最有前途的一种格式，不过在播放之前要先下载 RealPlayer 程序。

2. 插入音频文件

插入音频文件的方法有两种，一种是链接到音频文件，另一种是嵌入音频文件。链接音频文件比较简单，比较快捷有效，同时可以使浏览者能够选择是否要播放该文件。

（1）链接到音频文件。

链接音频文件首先选择要用来指向声音文件链接的文本或图像，然后在属性面板的"链接"文本框中输入声音文件地址，或者用指向箭头指向所选文件，也可以单击后面的"选择文件"图标直接选择文件，如图 2-72 所示。

图 2-72　在属性面板中链接音频文件

（2）嵌入音频文件。

嵌入音频文件将声音播放器直接并入页面中，只有在访问该站点的访问者安装适当插件后，声音才可以播放。如果要将声音作背景音乐，则可以嵌入音频文件。

嵌入音频文件的方法如下。

● 选择菜单"插入"｜"媒体"｜"插件"命令或选择"常用"插入栏中"媒体"，再单击插件图标，弹出"选择文件"对话框。

● 选择文件，单击"确定"按钮，网页中将显示一个插件图标。

● 选中该图标，在"属性"面板中设置属性值。
● 单击"播放"按钮，可试听效果。

2.6.5　插入其他媒体对象

除了插入上面所介绍的媒体对象之外，还有其他的媒体对象，如 FlashPaper、Flash Video Shockwave、APPLET、ActiveX 等，插入方法基本类似，这里不再赘述。

2.7　用表格布局页面

页面布局是进行网页设计最基本的，也是最重要的工作。表格是页面布局极为有用的设计工具。使用表格可以实现导入表格化数据、设计页面分栏、定位页面上的文本和图像等功能。

2.7.1　插入表格

使用"插入"栏或"插入"菜单来创建一个新表格，如图 2-73 所示。

图 2-73　插入表格

在"行数"和"列数"文本框中各输入"3"，这样就创建了一个 3 行 3 列的表格。也可以在表格内部添加文本和图像。

2.7.2　设置表格属性

选择该表格，在"属性"面板中设置属性，如图 2-74 所示。

图 2-74　设置表格属性

（1）"表格 Id"是表格的 ID，当动态更改表格属性时要用到它。

（2）"行"和"列"是表格中行和列的数目。

（3）"宽"和"高"是表格的宽度和高度，以像素为单位或者是按占浏览器窗口宽度的百分比计算的。

（4）"填充"是单元格内容和单元格边界之间的像素数。

（5）"间距"是相邻的单元格之间的像素数。

（6）"对齐"指表格相对于同一段落中其他元素（如文本或图像）的显示位置。居左、居中还是居右。

（7）"边框"指表格边框的宽度（以像素为单位）。

（8）"清除列宽"按钮□和"清除行高"按钮□是清除表格中所有显示指定的行高和列宽值。

（9）"将表格宽度转换成像素"和"将表格高度转换成像素"按钮是将表格中列的宽度或高度设置为以像素为单位的当前数值。

（10）"将表格宽度转换成百分比"和"将表格高度转换成百分比"按钮是将表格中列的宽度或高度设置为按占文档窗口宽度百分比表示的当前宽度。

（11）"背景颜色"指定表格的背景颜色。

（12）"边框颜色"指定表格的边框颜色。

（13）"背景图像"指定表格的背景图像。

2.7.3 设置单元格属性

单元格的属性也是通过在"属性"面板中设置各项参数来实现的，如图 2-75 所示。

图 2-75　单元格属性面板

"单元格"属性面板中的各个选项的作用说明如下。

（1）"合并单元格"按钮□可将所选的多个连续单元格、行或列合并为一个单元格。

（2）"拆分单元格"按钮□可将一个单元格分成两个或是更多的单元格。单击该按钮，会打开"拆分单元格"对话框，如图 2-76 所示。在该对话框中可以选择将选中的单元格拆分成"行"或"列"以及拆分后的"行数"或"列数"。

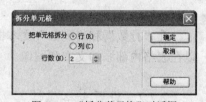

图 2-76　"拆分单元格"对话框

（3）"水平"文本框：设置单元格内对象的水平对齐方式。

（4）"垂直"文本框：设置单元格内对象的垂直对齐方式。

（5）"宽"和"高"文本框：设置单元格的宽度和高度，可以用像素或百分比来表示。

（6）"不换行"复选框：设置单元格文本是否换行。如果选择该复选框，则当输入的数据超出单元格宽度时，单元格会自动调整宽度来容纳数据。

（7）"标题"复选框：如果选择该复选框，可以将所选单元格的格式设置为表格标题单元格。默认情况下，表格标题单元格的内容为粗体并且居中对齐。

（8）"背景"文本框：设置单元格的背景图像。

（9）"背景颜色"文本框：设置单元格的背景颜色。

（10）"边框"文本框：设置单元格边框的颜色。

2.7.4　表格布局

因为表格在页面内容的组织、页面中文本和图像位置控制方面都有很强的功能，所以表格在网页制作中有着举足轻重的地位，现在很多网站的页面大多是以表格为框架制作的。

图 2-77 所示为一个网页的布局草图。首先在网页的顶部绘制一个表格放置标题图形，然后在网页的左边绘制另一个表格放置导航条，中间绘制的表格用来存放网页的重要内容，右边存放一些历史档案等信息，当然还有其他的布局格式，具体在设计时可仔细考虑。

图 2-77　表格布局网页

可以在一个布局表格中使用多个布局单元格对页面进行布局，这是进行网页布局最常用的方法，或者可以使用多个布局表格进行更复杂的布局。使用多个布局表格会将布局隔离为多个部分，这样每个部分不会互相影响。

还可以将一个新的布局表格放置在现有的表格中进行表格嵌套。例如，用嵌套表格可以方便的创建一个 2 列布局，左边 1 列有 4 行，右边一列有 3 行。

2.7.5　表格布局典型实例

下面以一个页面的制作为例来介绍如何使用表格以及表格嵌套来布局页面，其最终效果如图 2-78 所示。

图 2-78　最终页面效果

该网页主要是利用表格制作的，去掉文字和图像，可以看到其表格框架。网页的布局共有 3 个主要表格，最上面的表格放置 LOGO 图标和 Banner 广告条，中间表格为导航栏，下面的表格主要是网页设计的正文部分和页脚"版权所有"部分，其中空白的正文部分还可以嵌套表格。

具体的设计步骤如下。

（1）新建一个空白的网页，选择菜单"插入"｜"表格"命令，弹出"表格"对话框，设置行数为"1"，列数为"3"，表格宽度设置为"930"像素，高度设置为"130"像素。

（2）单击"确定"按钮，插入一个 1 行 3 列的表格。

（3）将光标定位在表格的第一个单元格内，可以看到状态栏左侧的标签选择器显示为 \<body\>\<table\>\<tr\>\<td\>，其中 table 表示表格，tr 表示表格中的行，td 表示单元格，现在 td 被加粗显示，说明光标处在单元格内，单击{table}，标签选择器显示为\<body\>\<table\>，再观察编辑区内的表格，表格周围为一圈黑线，表示表格被选中，四周还有几个黑色的小方块，这些是表格拖曳手柄，可以用来改变表格的大小。

（4）在第 1 个单元格内插入事先已经做好的 LOGO 图片。

（5）在"属性"面板中可以看到，此图片宽度为"215"像素，将第 1 个单元格的宽度也调整为"215"像素。

（6）用同样的方法在第 2 个单元格中插入 Banner 图形。Banner 图形的宽度是"480"像素，同样将第 2 个单元格的宽度设置为"480"像素。

（7）该表格的最后一个单元采用了表格嵌套的方法来设计，具体方法如下。

● 将光标至于表格的第 3 个单元格内，执行插入表格的命令，插入一个 3 行 5 列的表格，该表格的宽度和单元格的宽度一致。

● 分别设置该嵌套表格每一列的背景色，如图 2-79 所示。

● 在该表格的单元格内分别插入已经准备好的图像，如图 2-80 所示。

图 2-79　3 行 5 列的嵌套表格

图 2-80　在嵌套表格内插入图片

此时第 1 个表格的所有操作全部完成，最终效果如图 2-81 所示。

图 2-81　用表格布局网页标题

同样方法，再插入一个 1 行 6 列的表格，作为该网页的导航栏。给不同单元格设置不同的背景色，并在后 5 列中插入文字，效果如图 2-82 所示。

首页	最新上架	畅销图书	使用指南	进入管理

图 2-82　用表格实现导航栏的设计

网页其他部分的设计这里不再赘述，读者可以根据以上介绍的方法将其他部分补充完整。最终预览效果如图 2-78 所示。

2.8　层

表格虽然功能强大，而且使用起来也很方便，但是在涉及图像重叠或页面元素精确定位等技术难题时，则必须借助于网页设计中另一个重要概念——层。

2.8.1　层的概念

层是一种 HTML 页面元素，可以用来包含文本、图像、表格或其他任何可在 HTML 文档正文中放入的内容，而且层可以定位到网页上任何位置，并可以随意移动，层之间也可以前后放置、隐藏或者显示，利用动作行为，层还可以制作出动画效果，所以层的功能非常强大。

2.8.2　关于层面板

通过"层"面板可以管理文档中的层。选择菜单"窗口"|"层"命令就可以弹出"层"面板，或按 F2 键也可以打开"层"面板，如图 2-83 所示。

"层"面板分 3 栏，最左侧是眼睛标记，用鼠标直接单击标记，可以显示或隐藏所有的层，中间显示的是层的名称，最右侧是层在 Z 轴排列的情况。

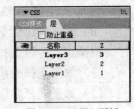

图 2-83　"层"面板

2.8.3　创建层

1．创建普通分层

创建层有以下 4 种方式。

（1）插入层：将光标移动到设计视图中想要插入层的位置，然后选择菜单"插入"|"布局对象"|"层"命令，如图 2-84 所示。

（2）拖放层：在"布局"插入栏中拖曳"绘制层"按钮到设计视图中。

（3）绘制层：在"布局"插入栏中单击"绘制层"按钮，然后在设计视图拖曳鼠标形成一个层。

（4）绘制多个层：使用绘制层的方法并按住 Ctrl 键不放，可以连续绘制多个层。

图 2-84　创建层

2．创建嵌套层

创建嵌套层，就是将一层建立在另一层中，层内部的层称为嵌套层或子层，嵌套层外部的层称作父级层。创建嵌套层的方法如下。

（1）将光标放置在页面中，插入一个层，将光标放置在插入的层中，选择菜单"插入"｜"布局对象"｜"层"命令，即可在当前层的内部创建一个嵌套层。

（2）打开"布局"插入栏，在插入栏中单击"绘制层"按钮，在文档中绘制一个层，然后再按住"绘制层"按钮不放，拖曳到文档中已存在层的内部位置，即可创建一个嵌套层。

（3）在文档中创建两个层，在"层"面板中选择一个层，然后按住 Ctrl 键并拖曳，将层移动到"层"面板上的目标层，当目标层的名称突出显示时释放鼠标，嵌套层如图 2-85 所示。

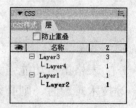

图 2-85　嵌套层

2.8.4　层的操作

1．激活层

将对象放入层中，首先要激活层。用鼠标在层内任何地方单击，即可激活层。激活层的边界便突出显示，选择手柄也会显示出来，光标在层内，如图 2-86 所示。

2．选中层

如果要对层进行某些设置，如移动层、调整层的大小等，应该首先选中层，才能对层进行调整操作。可以选择一层，也可以同时选择多层。

（1）如果选择一层，只需要单击该层的边框即可选中。

（2）如果选择多层，按住 Shift 键同时单击需要选择的层。

选择的层的调整柄将以黑色突出显示，其他层的调整柄则以白色显示，如图 2-87 所示。

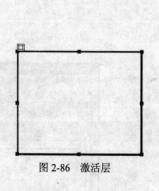

图 2-86　激活层

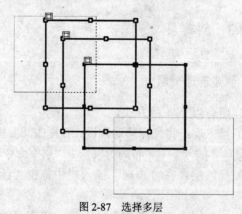

图 2-87　选择多层

3．移动层

在设计视图中可移动一层，也可以移动多层。移动方法有以下 3 种。

（1）选中层，用鼠标拖曳选择手柄。如果已经选择了多层，则只需拖曳最后选中的层的手柄即可移动选中的多层。

（2）选中层的选择手柄，用方向键移动，每次只能移动一个像素。

（3）选中层的选择手柄，然后再按住 Shift 键的同时按方向键，则每次可移动一个网格的距离。

4. 对齐层

当页面上有多层时，可以使用层对齐命令将其对齐，具体步骤如下。

先选择需要对齐的多层。再选择菜单"修改"｜"排列顺序"命令，然后从打开的子菜单中选择对齐方式或直接按相应的快捷键。对齐方式有左对齐、右对齐、对齐上缘和对齐下缘。其中，对齐的基准是以最后选中的层为标准的。对齐时，子层会因为父层的移动而移动，因此要慎用嵌套层。

5. 调整层的大小

在 Dreamweaver 中，即可以调整一个层的大小，也可以调整多层的大小。

（1）设置一个层的大小：通过使用调整柄左右或上下拖曳鼠标来调整，或在"属性"面板上的"宽"和"高"文本框中重新输入宽度和高度值。

（2）设置多层的大小：可以选择多层，选择菜单"修改"｜"排列顺序"｜"设成宽度相同"命令，可以设成相同宽度的层，宽度大小都是按照最后绘制的层为依据的。或者选择菜单"修改"｜"排列顺序"｜"设成高度相同"命令，可以设成相同高度的层。

6. 调整层的顺序

层的叠放顺序是根据创建的先后顺序自动生成的，在"层"面板上可以看到，编号高的层放在上面。可以用如下方法改变层的顺序。

（1）选择需要调整顺序的层，在"属性"面板中的"Z轴"文本框中输入一个编号。

（2）在"层"面板中，将层向上或向下拖曳至所需要的位置。

（3）在"层"面板中，单击要更改层的编号，然后键入一个更高或更低的编号。

7. 设置层的可见性

在层的设计过程中，常常需要显示或隐藏层来查看设计效果，具体方法如下。

（1）在"层"面板中，单击层的眼睛图标可改变层的可见性。

（2）选中某层，在"属性"面板中的"可见性"下拉列表中进行设置。

注：眼睛图标如果是睁开的则表示该层可见，如果是闭着的则表示该层不可见。如果没有眼睛图标，则该层通常会继承其父级的可见性。如果未指定可见性，则不会显示眼睛图标。

2.8.5　设置层的属性

层的属性主要有以下几项。

（1）层编号：指定层的名称。层的名称只能使用字母和数字。

（2）宽和高：指定层的宽度和高度。

（3）左和上：指定层的左上角相对于页面或父层左上角的位置。

（4）可见性：指定层的初始状态是否可见。Default 为缺省属性，一般默认为"继承"；Inherit 为继承父层的可见性属性；visible 为显示层；hidden 为隐藏层。

（5）标签：指定用来定义该层的 HTML 标签。

（6）溢出：指定当层的内容超过层指定的大小时应如何处理。Visible 为指定在层中显示额外的内容，该层会自动延伸来容纳额外的内容；Hidden 为不在浏览器中显示；Scroll 为滚动显示；Auto 为当层的内容超出浏览器边界时，使用滚动条显示。

2.8.6 层与表格的转换

层和表格都能在页面中排版布局，定位网页对象元素，如定位图片、文本等，但它们各有不同优势，也各有一些缺点。用户在网页中定位对象时可以相互转换，以发挥各自优势实现优势互补。

1. 转换层到表格

用层定位网页对象比较灵活、方便，这是它的优点，但在浏览器中显示时，往往设计效果和浏览效果差别很大，不同浏览器、不同版本差别就更大。所以，设计时不妨先用层来制作表格，利用层的易操作性先将各个对象进行定位，然后将层转化为表格，从而保证各种版本浏览器正常浏览页面。

在页面中把层转化为表格的具体操作步骤如下。

（1）在层内定位网页对象元素，然后选中所有要转换为表格的层，如图 2-88 所示。

（2）选择菜单"修改"｜"转换"｜"层到表格"命令，弹出"转换层为表格"对话框，如图 2-89 所示。

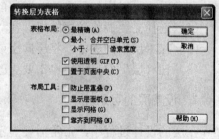

图 2-88　选择要转换的层　　　　　　图 2-89　"转换层为表格"对话框

● "最精确"单选按钮：选择该单选按钮会严格按照层的排版布局生成表格，但表格的结构会非常复杂。一般会为每个层创建一个单元格，同时为空白区域创建任何单元格，以保证布局固定为原状态。

● "最小：合并空白单元格"单选按钮：选择该单选按钮将设置如果层定位在指定数目的像素内，则层的边缘应对齐。如果选择该选项，结果表格将包含较少的空行和空列，但可能不与页面的布局精确匹配。

● "使用透明 GIF"复选框：选中该复选框，会在转化的空白单元格中插入透明的 GIF 格式图像，包括表格的最后一行，支持表格的长度，避免表格因无内容而缩小为最小状态。这将确保该表格在所有浏览器中以相同的列宽显示。当启用此选项后，不能通过拖曳表列来编辑结果表。当取消选择此选项后，结果表格将不包含透明 GIF 格式图像，但在不同的浏览器中可能会具有不同的列宽。

● "置于页面中央"复选框：将结果表格放置在页面的中央。如果取消此复选框，表将在页面的左边缘开始。

● 选择所需要的布局工具，然后单击"确定"按钮，结果如图 2-90 所示。

2. 转换表格到层

当页面布局需要进行调整时，如果是表格布局，调整会比较困难。这时，如果先把表格布局转换为层布局，通过移动层来调整布局，即方便又快捷，最后根据情况再将层转换为表格。转换表格到层的具体操作步骤如下。

（1）打开要转换为层表格的网页。

（2）选择菜单"修改"｜"转换"｜"表格到层"命令，弹出"转换表格到层"对话框，如图 2-91 所示。

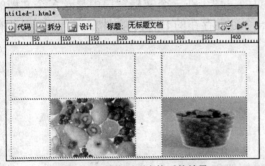

图 2-90　转换层到表格后的效果

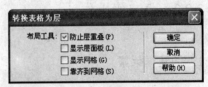

图 2-91　"转换表格为层"对话框

● 防止层重叠：选中该复选框可以在转换后的页面中激活防止层重叠的功能。

● 显示层面板：选中该复选框可以在转换后的页面中显示"层"面板。

● 显示网格：选中该复选框可以在转换后的页面中显示网格线。

● 靠齐到网格：选中该复选框可以在转换后的页面中将层与网格线对齐。

（3）在弹出的对话框中选择想要的选项。

（4）单击"确定"按钮，即可完成将表格转换为层的过程。如图 2-92 所示。

（a）转换前

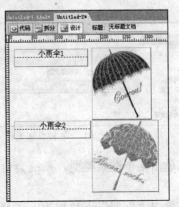

（b）转换后

图 2-92　转换表格到层

利用 Dreamweaver，可以先使用层创建布局，然后将层转换为表格。编辑页面时还可以在层和表格之间转换，以调整布局并获得最优的网页设计。

2.9　用框架布局网页

2.9.1　框架和框架集

框架的作用就是把浏览器窗口划分为几个不同的区域，每个区域显示不同的网页。常见的框架方式是将左方区域或上方区域设置为目录区域，其中包含显示文件各个页面的目录索引或导航条。右方区域或下方区域为主体区域，显示网页的主体内容。用户单击目录索引项或导航条时，主体区域就显示相应的内容。而目录区域和导航条始终显示在页面上，这样便于用户浏览其他网页。

框架集就是框架的集合，实际上是一个页面，用于在一个文档窗口中显示多个文档的框架结构。在框架集中显示的每个框架，就是一个独立存在的 HTML 文件。一个网页文件有框架集文件和框架内容文件组成。

2.9.2　框架的操作

1．创建框架集

在 Dreamweaver 中，可以用两种方式创建框架集。

（1）通过"布局"插入栏创建框架集。具体操作步骤如下。

● 选择"布局"插入栏，在"布局"插入栏中选择"框架"选项，如图 2-93 所示。

● 打开框架选择面板，选择一种框架结构，如左侧框架、右侧框架、上下框架等，如图 2-94 所示。

图 2-93　"布局"插入栏

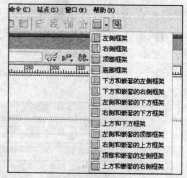

图 2-94　选择框架集

● 单击某个框架类型，系统会自动弹出"框架标签辅助功能属性"对话框，如图 2-95 所示。

● 单击"框架"下拉列表，选择要更改标题的框架，然后在"标题"文本框中输入框架标题。

● 单击"确定"按钮，关闭当前对话框，框架网页即创建成功。

（2）创建新的空框架集。具体操作步骤如下。

● 打开 Dreamweaver，选择菜单"文件"｜"新建"菜单命令，弹出"新建文档"对话框，在该对话框中"常规"选项卡的"类别"列表框中选择"框架集"选项。如图 2-96 所示。

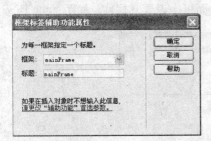

图 2-95 "框架标签辅助功能属性"对话框

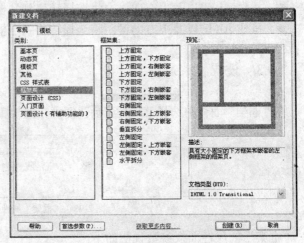

图 2-96 在"新建文档"对话框中创建框架集

● 从"框架集"列表中选择框架集。

● 单击"创建"按钮，系统会自动运回到 Dreamweaver 编辑界面，弹出"框架标签辅助功能属性"对话框。

● 单击"框架"下拉列表，选择要更改标题的框架，然后在"标题"文本框中输入框架标题。

● 单击"确定"按钮，关闭当前对话框，框架网页即创建成功。

2. 存储框架和框架集

（1）保存框架集的所有文件。保存框架集的所有文件的方法是，选择菜单"文件"｜"保存全部"命令，将弹出"另存为"对话框，提示保存框架文件。

（2）保存框架。设置保存框架的方法是，选择菜单"文件"｜"保存框架"命令或"文件"｜"框架另存为"命令。

（3）保存框架模板。设置保存框架模板的方法是，选择菜单"文件"｜"框架另存为模板"命令。

3. 选择框架和框架集

选择框架和框架集的方法包括使用"框架"面板和使用设计视图两种。

（1）使用"框架"模板选择。

● 选择菜单"窗口"｜"框架"命令，弹出"框架"面板，如图 2-97 所示。

● 在"框架"面板中单击某个框架，即可选择该框架，当框架或框架集被选中时，边框出现点线。

图 2-97 "框架"面板

（2）使用设计视图选择。

在设计视图中，按住 Alt 键后单击某个框架即可选中此框架。如果希望在选择一个框架的基础之上选择其他框架，其方法有以下 3 种。

● 按住 Alt 键以及左或右方向键，将选择转移到下一个框架。

● 按住 Alt 键以及上方向键，将选择转移到父框架集。

● 按住 Alt 键以及下方向键，将选择转移到子框架集。

2.9.3　设置框架属性

在"框架"面板中选择某一框架后，便可在框架属性面板中设置其属性，如图 2-98 所示。

图 2-98　"框架"属性面板

"框架"的属性面板参数说明如下。

（1）框架名称：用来识别该框架。

（2）源文件：该框架中的网页文件名称。

（3）滚动：是否加入滚动条。

（4）边界宽度：设定框架中的内容与左右边框的距离。

（5）边界高度：设定框架中的内容与上下边框的距离。

（6）边框：是否显示边框，默认为显示。

（7）边框颜色：设定边框框架的颜色。

（8）不能调整大小：是否允许在浏览器中改变框架的大小。

2.9.4　设置框架集的属性

若在"框架"面板中选择框架集，可在"框架"面板中单击环绕框架集的边框，框架集即被选中，此时周围会环绕一条较粗的黑线。

框架集的"属性"面板与框架不同，如图 2-99 所示。

图 2-99　框架集的"属性"面板

框架集的"属性"面板参数说明如下。

（1）边框：是否显示边框。

（2）边框宽度：设置边框的宽度。

（3）边框颜色：设置边框的颜色。

（4）值：指定所选行或列的大小。

（5）单位：指定所选行或列的值的单位，有以下 3 种。

● 像素：将选定行或列的大小设置为一个绝对值。

● 百分比：指定所选行或列占框架集的总宽度或总高度的百分比。

● 相对：当前行或列相对于其他行或列所占的比例。

（6）行列选定范围：单击“行列选定范围”区域左侧或顶部的区域，然后在“值”文本框值输入高度或宽度值，可设置选定框架集的各行和各列框架的大小。

2.9.5　框架布局典型实例

利用框架布局网页，实现如图 2-100 所示的网页。

图 2-100　利用框架布局网页的最终效果图

（1）新建文档。打开 Dreamweaver 8，选择菜单“文件”｜“新建”命令，在弹出的“新建文档”对话框的“常规”选项卡中选择“框架集”中的“上方固定，左侧嵌套”建立空白框架页。

（2）分别在 3 个框架页面中添加网页内容，在上方框架页面中设计标题，左边的框架页面中设计导航菜单，在右边的框架页面中设计主窗口显示页面。在本设计中，上方框架中插入 2.7.4 节中已经设计好的标题图片，在左侧框架中插入一个 7 行 1 列的表格，然后在表格中输入相应文字，在右侧主框架页面中输入正文。

（3）如果希望单击左侧框架中的文字可以在框架右侧显示链接的内容，可以在链接的属性面板中进行设置，链接设置方法参见 2.4.2 节，只是链接目标项选择为“mainframe”，如图 2-101 所示。

（4）完成页面布局后，选择菜单“文件”｜“保存框架”命令，分别将 3 个框架页面保存为 3 个网页文件，同时还要将整个框架集保存为一个网页文件。

图 2-101　框架布局中的链接目标选项

2.10　使用模板提高网页制作效率

在 Dreamweaver 中，模板就是一个网页文档。该文件将自动被保存在站点根目录下的临时文件夹中，文件扩展名为.dwt。

模板是网页编辑软件生成具有相似结构和外观的一种网页制作工具。如果希望站点中的网页享有某种相同特性，如相同的布局结构、相似的导航栏等内容，模板是是非常有用的。

对于模板而言，新的页面可以从一个模板中创建。一旦被创建，这个新的文档将保持和原来模板的联系，除非被明确地隔离或分开。一旦把模板应用于一组网页，就可以通过编辑该模板来改变这一组网页中的共享信息，如将模板中的导航栏更改之后，应用该模板页面中的导航栏将被自动更新。

模板是由锁定区域和可编辑区域两类区域组成。当第一次创建模板时，所有的区域都是锁定的。定义模板过程的一部分就是指定和命名可编辑的区域。然后，当某个文档从某些模板中创建时，可编辑区域则成为唯一可以被改变的地方。

当然，模板可以进行修改，以便标记附加的编辑区域，或者重新锁定可编辑区域。

2.10.1　建立模板

创建模板有两种方法，直接创建一个新模板或者将一个编辑好的网页按要求加以修改或另存为模板。

1．直接新建模板

在 Dreamweaver 中可以直接创建模板文件，其具体操作步骤如下。

（1）选择菜单"文件"｜"新建"命令，弹出"新建文档"对话框，在"常规"选项卡中选择"类别"中的"模板页"中的"HTML模板"选项，如图 2-102 所示。

（2）单击"确定"按钮，创建空白模板文档。

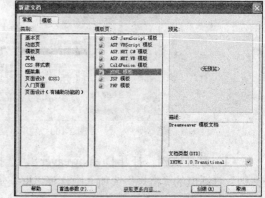

图 2-102　"新建文档"对话框

2．从现有页面生成模板

对于已经设计完成的网页文档，如果要作为模板文档，则将其另存为模板即可，具体操作步骤如下。

（1）打开要另存为模板的文档网页，选择菜单"文件"｜"另存为模板"命令，如图 2-103 所示。

图 2-103　选择"另存为模板"命令

（2）打开"另存为模板"对话框，如图 2-104 所示。在对话框中，在"站点"下拉列表中选择相应的站点，在"另存为"文本框中输入模板的名称，单击"保存"按钮，即可将文件保存为模板。

图 2-104　"另存为模板"对话框

2.10.2　配置模板

对于已经创建的模板，必须为其定义可编辑区域，否则应用该模板创建的新的网页文档，将全部显示为锁定区域，不能进行任何文档内容的编辑。

1．新建可编辑区域

可编辑区域是指基于模板的页面中用户可以编辑的区域，在创建模板后，只有定义可编辑区域，才能将模板应用到网页中去。新建可编辑区域的具体操作步骤如下。

（1）打开已创建的模板文档。

（2）将光标至于要创建可编辑区域的位置，选择菜单"插入"｜"模板对象"｜"可编辑区域"命令，弹出"新建可编辑区域"对话框，如图 2-105 所示。

（3）在对话框的"名称"文本框中输入可编辑区域的名称，单击"确定"按钮，新建可编辑区域，如图 2-106 所示。

图 2-105　"新建可编辑区域"对话框　　　　　　图 2-106　新建可编辑区域

2．新建重复区域

在模板中定义重复区域，可以让模板用户在网页中创建可开展的列表，并可保持模板中表格的设计不变。创建重复区域具体操作步骤如下。

（1）打开创建重复区域的模板文档，选择要设置为重复区域的文本或内容，或将光标放置在创建重复区域的位置。

（2）选择菜单"插入"｜"模板对象"｜"重复区域"命令，弹出"新建重复区域"对话框。

（3）在对话框中的"名称"文本框中输入新建重复区域的名称，单击"确定"按钮，即创建重复区域。

2.10.3 应用模板典型实例

利用模板创建以下 4 个风格相同的不同页面，如图 2-107 所示。这 4 个网页结构大体一致，不同之处就是右边的花卉图片不同，利用前面所介绍的模板设计页面的方法进行设计。

图 2-107 基于模板的 4 个风格相同的页面

（1）新建一个网页文件，如图 2-108 所示，并将该网页命名为"郁金香.html"。

图 2-108 名为"郁金香.html"的网页

（2）将该网页另存为模板，命名为"花卉大全.dwt"。

（3）将"花卉大全.dwt"模板的右边的插图设置为可编辑区域。选中该图片，选择菜单"插入" | "模板对象" | "可编辑区域"命令即可。

（4）选择菜单"文件" | "新建"命令，弹出"从模板新建"对话框，选择从"花卉大全"模板新建一个网页文件，并将可编辑区域的图片修改为另一个图片，保存为"芙蓉.html"。

（5）同样方法，可以实现其他两个网页文件的设计。

最终所完成的 4 个网页的效果如图 2-107 所示。

2.11　创建表单

2.11.1　初识表单

表单的作用是与站点的访问者进行交互的功能，或从他们那里收集信息，然后提交至服务器进行处理。表单可以包含允许用户进行交互的各种对象，如文本域、列表菜单、复选框、单选按钮等。

表单和表格类似，都可以看作是网页中的一个容器，在其中可以插入一些网页元素。表单中插入的网页元素主要是表单对象，而表单没有可嵌套功能。

表单在 HTML 代码中对应的标签是 form，表单内所有的网页元素都包含在<form>和</form>之间。表单对象就是可以实现特定功能的网页元素。

表单和表单对象必须与后台的 Web 应用程序结合才可以完全实现交互的功能。Web 应用程序早期采用的是 CGI 脚本，现在使用 ASP、JSP、PHP 等技术都可以开发出功能强大的Web 程序。

建立一个表单的具体操作步骤如下。

（1）将光标至于文档中，选择菜单"插入" | "表单" | "表单"命令，或将"常用"插入栏切换到"表单"插入栏，如图 2-109 所示。

（2）在"表单"插入栏中单击"表单"按钮 🔲，可以插入表单，在设计视图出现一个红色的虚线框，如图 2-110 所示。

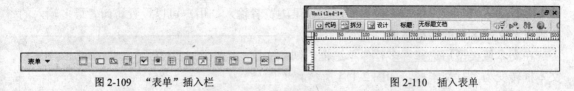

图 2-109　"表单"插入栏　　　　　　　　图 2-110　插入表单

（3）在"属性"面板中可以指定处理该表单的动态页或脚本的路径，如图 2-111 所示。

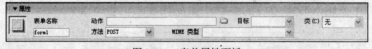

图 2-111　表单属性面板

表单属性面板主要有以下设置选项。

● 表单名称：设置表单的名称。

- 动作：设置处理表单的服务器端脚本。
- 方法：设置将表单数据发送到服务器的方法。选择"默认"或 GET，表单数据将以 GET 方法发送，发送时把表单数据附加到 URL 中；选择 POST，表单数据将以 POST 方法发送，发送时把表单数据嵌入到 HTTP 请求中。通常选择 POST。
- MIME 类型：用来设置发送数据的 MIME 编码类型，一般选择 application/x.www.form.urlencoded。
- 目标：用来设置表单被处理后，反馈页面打开的方式。

2.11.2 添加表单元素

1. 文本域

文本域主要应用于单行信息的输入，如登录账号、联系电话、邮政编码等。

选择菜单"插入"|"表单"|"文本域"命令，即可在文档中插入一个文本域，如图 2-112 所示。

在"属性"面板中可以设置文本域的相应属性，如图 2-113 所示。

图 2-112　插入文本域

图 2-113　文本域属性

（1）文本域：输入文本域的名称。

（2）字符宽度：用于设置文本域的宽度。

（3）最多字符宽度：设置单行文本域中最多可输入的字符数。

（4）文本域的类型：包括单行、多行、密码 3 个选项。

（5）初始值：指定在首次载入表单时文本域中显示的内容。

2. 多行文本域

多行文本域可以提供一个较大的区域，供浏览者输入，用户可以设置访问者最多输入的行数以及文本区域的字符宽度。

在文本域类型后选择"多行"单选框，则文本框转变为多行文本域，如图 2-114 所示。

"属性"面板如图 2-115 所示。

（1）行数：设置所选文本域显示的行数，

图 2-114　多行文本域效果

可输入数值。可用于输入较多内容的栏目，如反馈表、留言簿等。

图 2-115　多行文本域属性面板

（2）换行：设置文本框中输入文本的换行方式，有以下 4 种方式。

① 默认：设置自动换行。当浏览者输入的内容超过文本区域的右边界时，文本换到下一行。当提交数据进行处理时，不设置这些数据自动换行。数据作为一个数据字符串进行提交。其和"虚拟"项功能相同。

② 关：防止文本换行到下一行。当浏览者输入的内容超过多行文本域的右边界时，文本将向左侧滚动。按 Enter 键才能将插入点移到文本区域的下一行。

③ 虚拟：设置自动换行。当浏览者输入的内容超过文本区域的右边界时，文本换到下一行。当提交数据进行处理时，不设置这些数据自动换行。数据作为一个数据字符串进行提交。

④ 实体：设置自动换行。当提交数据进行处理时，也设置这些数据自动换行。

3．复选框

复选框提供多个选项，可以任意选择其中一项或多项。在网页中插入复选框，选择菜单"插入"｜"表单"｜"复选框"命令，即可插入复选框，如图 2-116 所示。

图 2-116　插入复选框

在"属性"面板中可以设置复选框的相应属性，如图 2-117 所示。

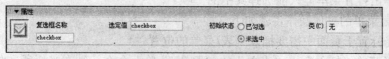

图 2-117　复选框属性面板

（1）复选框名称：用来设置复选框的名称。

（2）选定值：用来设定在复选框被选中时发送给服务器的值。

（3）初始状态：用来设置复选框的初始状态是选中还是未选中。

4．单选按钮和单选按钮组

若要在网页中插入单选按钮，选择菜单"插入"｜"表单"｜"单选按钮"命令，如图 2-118 所示。

图 2-118　插入单选按钮

在"属性"面板中设置单选按钮的相应属性，如图 2-119 所示。

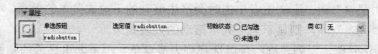

图 2-119　单选按钮属性面板

单选按钮的属性和复选框属性的设置类似，这里不再赘述。

要在网页中插入单选按钮组，选择菜单"插入"｜"表单"｜"单选按钮组"命令，弹出"单选按钮组"对话框，如图 2-120 所示。

在单选按钮组中可以设置以下参数。

（1）名称：在"名称"文本框中设置单选按钮组的名称。

（2）单选按钮列表框：单击 **+** 和 **-** 按钮增加或者减去单选按钮。单击 **▲** 和 **▼** 对选中的单选按钮进行上下位置的调整。

对话框设置完毕后，单击"确定"按钮，插入单选按钮组，如图 2-121 所示。

图 2-120　"单选按钮组"对话框

图 2-121　插入单选按钮组

5. 列表/菜单

列表/菜单的功能与复选框和单选框的功能相似，都可以列举很多选项供浏览者选择，其最大优点就是可以在有限的空间内为用户提供更多的选项，节省空间。列表提供一个滚动条，通过拖曳滚动条可以浏览很多项，并允许多重选择；下拉菜单默认仅显示一项，该项为活动选项，用户单击打开菜单但只能选择其中的一项。

插入列表/菜单的具体操作步骤如下。

（1）将光标置于页面中需要插入列表/菜单的位置。

（2）选择菜单"插入"｜"表单"｜"列表/菜单"命令，则在光标所在位置插入列表/菜单，如图 2-122 所示。

（3）选中列表/菜单，在属性面板中可以设置列表/菜单的属性，如图 2-123 所示。

① "列表/菜单"文本框：设置所选列表的名称。

图 2-122　插入列表/菜单

图 2-123　列表/菜单属性面板

② "类别"选项：设置列表还是菜单的显示形式。

● 选择"菜单"项，则浏览者单击时会产生展开的下拉式菜单的效果。

● 选择"列表"项，则显示为一列可滚动的列表效果。

③ "初始化时选定"列表框：可以选择列表或菜单在浏览器里显示的初始值。

④ "列表值"按钮：单击该按钮可以打开"列表值"对话框，如图 2-124 所示。在"列表值"对话框中，可以添加选项或删除选项，也可以调整所选列表项目的位置，然后单击"确定"按钮。

如果以菜单形式显示，在属性面板中的"类型"中选择"菜单"，初始化是选择"英国"，然后在浏览器中运行，结果如图 2-125 所示。

如果以列表形式显示，在属性面板中的"类型"中选择"列表"，还可以设置以下两项。

图 2-124　设置"列表值"对话框

小王去过哪个国家？

图 2-125　菜单形式显示

（1）"高度"文本框：设置列表的高度，如输入 3，则列表框在浏览器中显示为 3 个选项的高度，如果实际的项目数多于"高度"的项目数，那么列表菜单中的右侧将显示滚动条，通过滚动条显示其他内容。

（2）"选定范围"复选框：如果选择该复选框，则这个列表允许被多选，选择时要结合 Shift 或 Ctrl 键进行操作。如果取消该复选框选项，则这个列表只允许单选。

假设类型选择"列表"，高度为 3，允许多选，初始化时选定"美国"，浏览器运行初始效果如图 2-126（a）所示，结合按 Shift 或 Ctrl 键，多选效果如图 2-126（b）所示。

图 2-126　列表显示形式

6. 插入跳转菜单

跳转菜单是超链接的一种形式，使用跳转菜单要比其他形式链接节省更多的页面空间。跳转菜单从菜单发展而来，浏览者单击并选择下列菜单项时会自动跳转到目标网页。

插入跳转菜单的具体操作步骤如下。

（1）将光标置于要添加跳转菜单的位置。

（2）选择菜单"插入"｜"菜单"｜"跳转菜单"命令，弹出"跳转菜单"对话框，如图 2-127 所示。

在对话框中添加几个菜单项以及跳转的 URL，方法与添加单选按钮等类似，效果如图 2-128 所示。

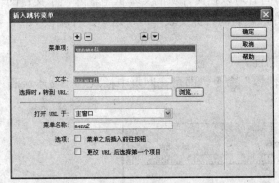
图 2-127　"插入跳转菜单"对话框之一

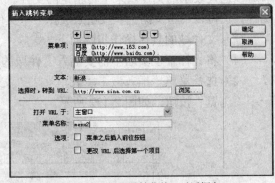
图 2-128　"插入跳转菜单"对话框之二

单击"确定"按钮后，在浏览器中运行，结果如图 2-129 所示，单击某个选项，便可跳转到相应的网页中去，这种菜单跳转方式在网页设计中用得非常多。

7. 隐藏域

隐藏域一般用于信息的暂存但又无需在页面显示的情况中，或者更多的是为了网页程序的使用。

要在网页中插入隐藏域，选择菜单"插入"｜"表单"｜"隐藏域"命令，插入隐藏域，如图 2-130 所示。

图 2-129　"跳转菜单"运行效果　　　　　　　　图 2-130　插入隐藏域

选中隐藏标记，在"属性"面板中可以设置隐藏域的相应属性，如图 2-131 所示。

（1）"隐藏区域"文本框：设置隐藏域的名称，默认为 hiddenField。

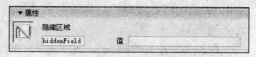

图 2-131　隐藏域属性面板

（2）"值"文本框：设置隐藏域的值，该值将在提交表单时传递给服务器。

8. 插入图像域

图像域实质上就是一个按钮，在表单中插入图像域之后，图像域将起到提交表单的作用，使用图像域可以自由选择喜欢的图片进行替换，达到美化表单和页面的目的。

插入图像域的具体步骤如下。将光标置于页面要插入图像域的位置，选择菜单"插入"｜"表单"｜"图像域"命令，插入图像域，弹出"选择图像源文件"对话框，在对话框中选择一副要作为按钮的图像，单击"确定"按钮即可将其插入到网页中。

9. 插入文件域

文件域可以允许用户在域的内部输入本地硬盘中的文件，如 Word 文档、图片、程序等，然后通过表单将这些文件上传到服务器。文件域由一个文本框和一个"浏览"按钮组成。访问者可以通过表单的文件域来上传指定的文件。访问者可以在文件域的文本框中输入一个文件的路径，也可以单击"浏览"按钮来选择一个文件，当访问者提交表单时，这个文件就被上传。

插入文件域的具体操作步骤如下。

（1）将光标置于页面中需要插入文件域的位置。

（2）选择菜单"插入"｜"表单"｜"文件域"命令，即可在网页中插入一个文本域和一个"浏览"按钮，如图 2-132 所示。

图 2-132　插入文件域

（3）在"属性"面板中设置文件域属性。选中按钮，打开"属性"面板可以设置文件域的属性，如图 2-133 所示。

其中，"文件域名称"文本框用来设置所选文件域的名称；"字符宽度"文本框是设置文件域里文本框的宽度的；"最多字符数"文本框可以设置文件域里文本框可输入的最多字符数量。

（4）在浏览器中预览的效果如图 2-134 所示。单击"浏览"按钮可选择本地要上传的文件。

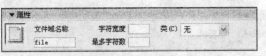

图 2-133　文件域的属性面板

图 2-134　插入文件域后的预览效果

10．按钮

要在网页中插入按钮，选择菜单"插入"｜"表单"｜"按钮"命令，插入按钮，如图 2-135 所示。

图 2-135　插入按钮

在"属性"面板中可以设置按钮的相应属性，如图 2-136 所示。

图 2-136　按钮属性面板

（1）按钮名称：在文本框中设置按钮的名称，如果对按钮添加功能效果，则必须命名然后采用脚本语言来控制执行。

（2）值：在值文本框中输入文本，为按钮上显示的文本内容，默认值为"提交"。

（3）动作：分别是提交表单、重设表单、无，具体功能说明如下。

● "提交表单"表示单击该按钮将提交表单数据内容到表单域"动作"属性中指定的页面或脚本，一般都位于服务器端。

● "重设表单"表示单击该按钮将清除表单中的所有内容。

● "无"表示指定单击该按钮时要执行某个操作，如添加一个 JavaScript 脚本，设置单击该按钮时可以打印页面等。

2.11.3　检查表单典型实例

表单在大多数动态网站都存在，包括会员注册、资料修改等。而启用"检查表单"则能够检测用户填写的表单内容是否符合预先设定的标准。这样可以在表单被提交之前检查出填写有误的地方，提示用户重新输入，避免了表单提交后再由服务器检测其正确性，这样就减轻了服务器的负担以及对网络资源的占用。

（1）新建一个页面，并在网页中插入一个表单，这个表单中有 3 个文本字段，分别用 3 个不同的名字来区分，"姓名"后面的文本字段命名为"name"，"电话"后面的文本字段命名为"tel"，"邮箱"后面的文本字段命名为"email"，如图 2-137 所示。

图 2-137　插入一个表单

（2）单击红色的虚线，可选中表单中的所有元素，如图 2-138 所示。

图 2-138　选择表单所有元素

（3）选择菜单"窗口"｜"行为"命令，弹出行为面板，单击行为面板的 ➕ 按钮，在弹出的菜单中选择"检查表单"，弹出如图 2-139 所示的对话框。

其中，设置姓名"name"为必需的，电话"tel"为必需的，其"可接受"项为"数字"，邮箱"email"也是必需的，"可接受"项为"电子邮件地址"。

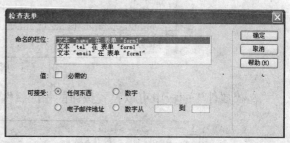

图 2-139　"检查表单"对话框

（4）单击"确定"按钮后，行为面板显示如图 2-140 所示。

（5）保存文件，然后用浏览器打开该文件，在"电话"文本框中输入英文字母，在"邮箱"文本框中输入错误的邮箱格式，然后单击"提交"按钮，就会弹出如图 2-141 所示的提示框，提示电话一栏里填写的格式有错误，应该为数字，邮箱格式错误，应该为 E-mail 的格式。

这种功能在浏览器运行时就发现错误，无需等到页面提交到服务器执行后再报错，大大提高了执行的效率。

图 2-140　行为面板

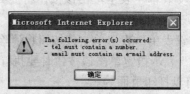

图 2-141　浏览器提示框

本 章 小 结

本章首先介绍了 Dreamweaver 8 的工作环境和站点的创建方法，然后重点介绍了网页元素：文本、超链接、图像、表格、层、框架、表单的基本概念以及各自的属性以及使用方法。

通过本章的学习，可以循序渐进地学会静态网页的设计方法，通过表单的学习也为后面的动态网页的设计打下了基础。

习　　题

一、填空题

1. 每个站点都是一个_____，其中存储了整个网站所包含的所有_____。

2. 在网页设计中，按 Enter 键可能会使行间隔太大，这时，还可以通过另一种方式来实现，其快捷键是_____。

3. 目前，网页上最经常用到的图片格式是_____、_____、_____、_____格式，它们的压缩比都比较高。

4. 表格的属性包括以下参数：_____、_____、_____。

5. 可以通过选择菜单_____ | _____来打开框架面板。

6. 在 Dreamweaver 8 中，图层相当于一个网页容器，网页的_____都可以在图层中插入，把光标定在图层里面，可以插入_____、_____、_____等网页对象。

二、选择题

1. 在 Dreamweaver 8 中，为文字或图片添加链接后，如果没有框架的话，其目标有_blank、_parent、_self、_top 四种，其中_top 代表的是_____中打开链接。

　A．新窗口　　　　B．父窗口　　　　C．自身窗口　　　　D．跳出所有的框架结构

2. 在网页中插入图片，当鼠标指针经过图片时会显示出关于此图片说明的文字，这种功能是通过_____设置的。

　A．目标　　　　　B．链接　　　　　C．替代　　　　　　D．类

3. 图片的热区类型不包括_____。

　A．矩形　　　　　B．椭圆形　　　　C．多边形　　　　　D．正方形

4. 表格的边距和间距都是以_____为单位表示的。

　A．百分比　　　　B．像素　　　　　C．毫米　　　　　　D．厘米

5. 设置图层的可见性参数时，下面_____不属于可见性的参数。

　A．default　　　　B．always　　　　C．invisible　　　　D．hidden

6. 框架与表格、图层类似，也属于网页_____的重要元素。

　A．布局　　　　　B．美工　　　　　C．链接　　　　　　D．文本处理

7. 通过表单传送数据的方法有_____和 POST。

　A．Get　　　　　B．Pass　　　　　C．Give　　　　　　D．PASV

三、简答题

1. 在 Dreamweaver 8 中建立并管理一个站点。

2. 创建一个简单的公司文本网页。

3. 设计一个包含内嵌视频、使用超链接的音频和视频的页面。

4. 使用表格制作一个学生课程表的页面。

5. 利用图层制作一个简单的下拉式的导航菜单。

6. 制作一个有 3 个框架的页面。

7. 制作如图 2-142 所示的表单。

图 2-142　个人信息表

第 3 章 ASP 编程基础

ASP 是一种动态网页开发技术，为 Web 服务器端开发提供一种工作环境，其代码内嵌在 HTML 标签中，使得网页设计者可以利用 VBScript 或者 Javascript 脚本语言编写 ASP 应用程序，从而实现网页的交互性。本章将主要介绍使用 ASP 服务器技术创建交互式动态网站的基础知识和基本操作。

3.1 动态网站简介

本节将主要介绍动态网站的基本概念，包括静态网页和动态网页的区别、"3P"技术简介和 ASP 的基本特点等内容。

3.1.1 静态网页与动态网页

1. 静态网页

静态网站是由一组相关的 HTML 静态网页和文件组成，一般存放在网站服务器上。网站服务器将提供服务器系统软件，对网页浏览器所发出的请求做出响应。例如，当用户在网页上单击链接、在浏览器中选择书签或在浏览器的"地址"栏中输入网址并按 Enter 键等，这时便会产生网页请求。当服务器收到这些请求时，会根据请求的内容找到相应的网页，然后将它传回到请求的用户浏览器上。也就是说，用户浏览器上看到的内容，是服务器中的某个网页原始文件内容，即静态网页的最后内容是由网页设计师决定的，不会在请求网页显示时更改。

2. 动态网页

动态网站又被形象地称为互动网站，它不仅有静态的 HTML 页面，还提供动态网页，即当网站服务器接收到对动态网页的请求时，它会将请求传送到负责生成动态网页的特殊软件，这个特殊软件称为应用程序服务器。

应用程序服务器的执行方式是直接读取网页上的程序代码，根据程序代码中的指令来生成网页，然后再将程序代码从生成的网页中删除。应用程序服务器会将生成的网页（这时已是静态网页）返回网站服务器，网站服务器再将该网页发送到提出请求的客户浏览器。浏览器在该网页到达时，所取得的数据是纯粹的 HTML 代码，但已经是经过动态生成之后的结果。

动态是指根据浏览器端的请求来响应处理后的结果，这样的方式较为单纯而直接。应用程序服务器的另一种更为高级的执行方式是连接数据库。在动态网页中程序员可以指示应用程序服务器从数据库中检索数据，并将其插入到网页的 HTML 代码之中。这种从数据库中检索数据的命令称作数据库查询。查询程序代码是用结构化查询语言（SQL）来表达的。网站应用程序几乎可以使用任何数据库，只要有适当数据库驱动程序代码即可，这一点将在后续章节中进行介绍。

3.1.2 ASP 和 JSP、PHP

目前，最常用的 3 种动态网页语言有 ASP（Active Server Pages），JSP（JavaServer Pages），PHP（Hypertext Preprocessor）。

活动服务器网页（Active Server Pages，ASP）是一个 Web 服务器端的开发环境，利用它可以产生和执行动态的、互动的、高性能的 Web 服务应用程序。ASP 采用脚本语言 VBScript（或 Javascript）作为自己的开发语言。ASP 实际上是一个"中间件"，这个"中间件"将 Web 上的请求转入到一个解释器中，在这个解释器中将所有的 ASP 的 Script 进行分析，再进行执行，而这时可以在这个中间件中去创造一个新的 COM 对象，对这个对象中的属性和方法进行操作和调用，同时再通过这些 COM 组件完成更多的工作。所以说，ASP 的强大不在于它的 VBScript，而在于它后台的 COM 组件，这些组件无限地扩充 ASP 的能力。ASP 最大的弱点在于网络的安全性和可靠性。ASP 是由微软公司开发的，由于 Windows 系统本身存在的安全漏洞使得 ASP 的安全性、稳定性、跨平台性都会因为与 NT 的捆绑而显现出来。

PHP 是一种跨平台的服务器端的嵌入式脚本语言。它大量地借用 C、Java 和 Perl 语言的语法，并耦合 PHP 自己的特性，使 Web 开发者能够快速地写出动态页面。它支持目前绝大多数数据库。还有一点，PHP 是完全免费的，可以从官方站点自由下载，甚至可以从中加进自己需要的特色。

JSP 同 PHP 类似，几乎可以执行于所有平台，如 Windows NT，Linux 和 UNIX。在 NT 下 IIS 通过一个外加服务器，如 JRUN 或者 ServletExec，就能支持 JSP。特别是知名的 Web 服务器 Apache 已经能够支持 JSP。由于 Apache 广泛应用在 NT、UNIX 和 Linux 上，因此 JSP 有更广泛的执行平台。当应用程序从一个平台移植到另外一个平台，JSP 和 JavaBean 甚至不用重新编译，因为 Java 字节码都是与平台无关的。

以上三者都提供在 HTML 代码中混合某种程序代码、由语言引擎解释执行程序代码的能力。但 JSP 代码被编译成 Servlet 并由 Java 虚拟机解释执行，这种编译操作仅在对 JSP 页面的第一次请求时发生。在 ASP、PHP、JSP 环境下，HTML 代码主要负责描述信息的显示样式，而程序代码则用来描述处理逻辑。普通的 HTML 页面只依赖于 Web 服务器，而 ASP、PHP、JSP 页面需要附加的语言引擎分析和执行程序代码。程序代码的执行结果被重新嵌入到 HTML 代码中，然后一起发送给浏览器。ASP、PHP、JSP 三者都是面向 Web 服务器的技术，客户端浏览器不需要任何附加的软件支持。

3.1.3 ASP 的特点

ASP 是微软公司为代替 CGI 脚本程序而开发的一种应用程序，它可以与数据库和其他程序进行交互，是一种简单方便的编程工具。通过掌握使用 ASP 和脚本语言的技巧，网页设计者可以创建更复杂的脚本。对于 ASP，还可以便捷地使用 ActiveX 组件来执行复杂的任务，如连接数据库以存储和检索信息。

ASP 具有以下几个特点。

（1）ASP 使用了 Microsoft 软件的 ActiveX 技术。ActiveX（COM）技术是现在 Microsoft 软件的重要基础。它采用封装对象，程序调用对象的技术，简化编程，加强程序间的合作。ASP 本身封装了一些基本组件和常用组件，有很多公司也开发了很多实用组件。只要在服务器上安装这些组件，通过访问组件，就可以快速简易地建立自己的 Web 应用程序。

（2）ASP 运行在服务器端，这样就不必担心浏览器是否支持 ASP 所使用的编程语言。ASP 的编程语言可以是 VBScript 和 JavaScript。VBScript 是 VB 的一个简集，会 VB 的用户可以很方便地快速上手。然而 Netscape 浏览器不支持客户端的 VBScript，所以最好不要在客户端使用 VBScript。而在服务器端，则无须考虑浏览器的支持问题。Netscape 浏览器也可以正常显示 ASP 页面。

（3）ASP 返回标准的 HTML 页面，可以在常用的浏览器中正常显示。浏览者查看页面源文件时，看到的是 ASP 生成的 HTML 代码，而不是 ASP 程序代码。这样就可以防止别人抄袭程序。由此可以看出，ASP 是在 IIS 下开发 Web 应用的一种简单方便的编程工具。在了解了 VBScript 的基本语法后，只需要清楚各个组件的用途、属性和方法，就可以轻松编写出自己的 ASP 程序。

（4）ASP 提供了一些内置对象，使用这些对象可以使服务器端脚本功能更强。例如，可以浏览器中获取用户通过 HTML 表单提交的信息，并在脚本中对这些信息进行处理，然后向浏览器发送信息。

（5）ASP 可以与诸如 SQL Server 和 Access 的数据库进行连接，在后续章节中将介绍怎样使用 SQL。利用一些特别的对象集合，如 ADO（Active Data Object），可以在 ASP 中方便地访问数据库。

3.2　配置 ASP 网站

3.2.1　安装 IIS 服务器

网站的建设是基于网站服务器的。在 UNIX 或 Linux 平台上，Apache 就是网站服务器。而对于 Windows 平台来说，IIS 就是标准的网站服务器。IIS 是一种服务，不同于一般的应用程序，它就像驱动程序一样是操作系统的一部分，是在系统启动时被同时启动的服务。以 Windows XP 操作系统为例，安装 IIS 的步骤如下。

（1）打开"控制面板"，双击窗口左边的"添加或删除程序"图标，打开"添加或删除程序"界面，如图 3-1 所示。

（2）双击"添加/删除 Windows 组件（A）"图标，打开"Windows 组件向导"对话框，如图 3-2 所示。

（3）选中"组件"列表中的"Internet 信息服务 IIS"复选框，单击"详细信息"按钮，可以看到如图 3-3 所示的对话框。在 IIS 的子组件列表中选择所需组件，单击"确定"按钮，返回"Windows 组件向导"对话框。

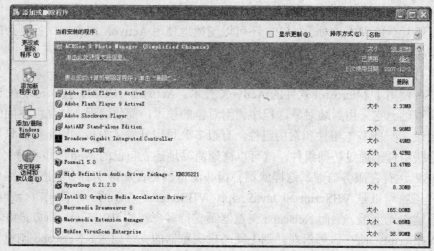

图 3-1 "添加或删除程序"界面

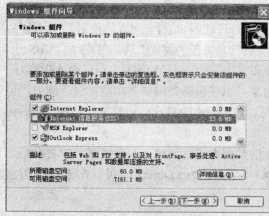

图 3-2 "Windows 组件向导"对话框

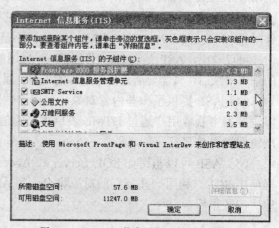

图 3-3 "Internet 信息服务（IIS）"对话框

（4）单击"下一步"按钮，此时安装程序要求插入 Windows XP 系统光盘来读取所需文件，放入光盘，单击"确定"按钮，安装程序开始复制文件。

（5）文件复制完成后，出现如图 3-4 所示的对话框。单击"完成"按钮，即完成 IIS 的安装。

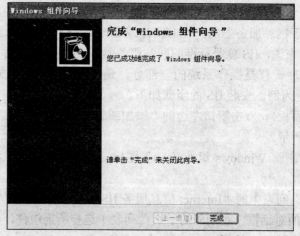

图 3-4 完成 Windows 组件向导的安装

3.2.2 设置 IIS 服务器

当 IIS 安装完成后，可以对 IIS 进行配置，可以通过以下几个步骤完成。

（1）选择"开始"|"控制面板"|"管理工具"|"Internet 信息服务"命令，打开如图 3-5 所示的"Internet 信息服务"界面。

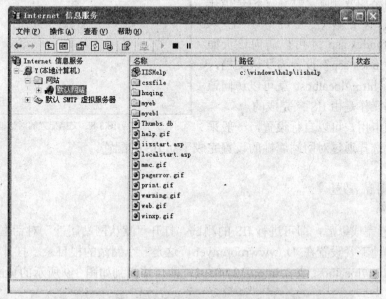

图 3-5 "Internet 信息服务"界面

（2）先展开"本地计算机"节点，再展开"网站"节点，在"默认网站"节点上单击右键，弹出快捷菜单，选择"属性"命令，进入"默认网站属性"对话框，如图 3-6 所示。在"网站"选项卡中可以设置网站标识，如 IP 地址和 TCP 端口等属性，默认端口为 80，用户可以根据自己的需求进行设置，一般情况下选择默认。

（3）选择"主目录"选项卡，进入如图 3-7 所示的主目录属性设置，可以设置主目录的

图 3-6 "默认网站属性"对话框

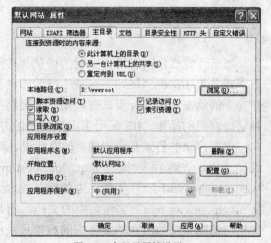

图 3-7 主目录属性设置

本地路径，就是该网站根目录的路径，并对其属性进行设置。IIS 安装完成后默认的路径是"C:\Inetpub\wwwroot"，如果网站根目录的路径是其他地方，则必须修改主目录。

（4）切换到"文档"选项卡，进入如图 3-8 所示的文档配置的对话框，可以对启用的默认文档添加或删除。默认文档是指在访问网站时本应该在地址栏中输入 http://localhost/index.asp 才可以访问该页面的，但因为"index.asp"设置为默认文档，所以直接输入 http://localhost 就可以访问该页面了，这些操作是由 IIS 来完成的。

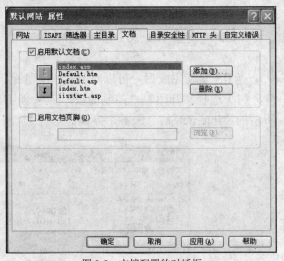

图 3-8　文档配置的对话框

其他选项卡用户可以自行设置，一般采用默认即可。选择通过对网站属性的设置完成了对 IIS 的配置。

3.2.3　测试配置

IIS 的配置完成以后，即可进行 IIS 的测试。打开"默认网站属性"对话框的"主目录"选项卡，将本地路径设置在 D:\wwwroot\myeb，这是一个网站的根目录。打开浏览器，在地址栏中输入 http://localhost 或者 http://127.0.0.1，即可访问到如图 3-9 所示的页面。

图 3-9　网站首页

3.2.4　虚拟目录

当前计算机中动态网页文档的调试，其保存位置必须放在"C:\Inetpub\wwwroot"文件夹下，或者将 IIS 的"网站主目录"修改指向到该文件所在的目录。但此时若需要对另一个文件夹下的动态文档进行测试时，则又需要将"网站主目录"进行修改。所以，为了减少如此频繁而麻烦的操作，IIS 采用了虚拟目录的办法。

虚拟目录的目录是虚拟的，形象地说，就是将一个普通的目录虚拟成 Web 服务器下的目录。如一个路径地址"http://localhost/myeb"，其中"http://localhost/"确实是指向"C:\Inetpub\wwwroot"文件夹中的默认文档，但"http://localhost/myeb"指向的就不一定是"C:\Inetpub\wwwroot"文件夹中的文档，而是指向本地计算机中另外保存的文件夹中的默认文档，该默认文档所在的文件夹的虚拟目录的"别名"是"myeb"。

当然，这必须是在定义了虚拟目录"myeb"之后才可以进行的访问，如果没有定义，则通过"http://localhost/myeb"访问的页面仍然是路径"C:\Inetpub\wwwroot"或者主目录中修改的网站路径中的默认文档。

建立虚拟目录的基本步骤如下。

（1）打开"Internet 信息服务"控制窗口，打开"默认网站"。

（2）在"默认网站"上单击右键，在弹出菜单中选择"新建"命令，再单击子菜单"虚拟目录"命令，如图 3-10 所示。

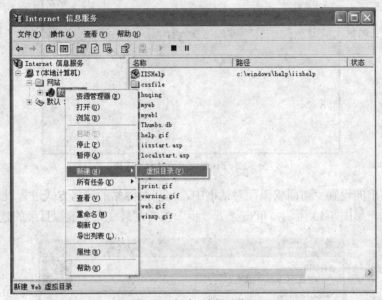

图 3-10　新建"虚拟目录"

（3）打开"虚拟目录创建向导"对话框，单击"下一步"按钮。打开"虚拟目录别名"对话框，如图 3-11 所示。

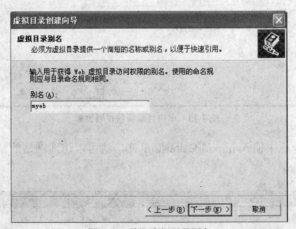

图 3-11　输入虚拟目录别名

"别名"就是虚拟目录的名称，如 http://localhost/myeb 路径中的"myeb"。别名的取名和文件目录名的命名规则基本一致，要尽量简单，不要用中文，并具有一定的含义以便于记忆。为了保持一致，建议和该虚拟目录对应的文件夹名相同，这里取"myeb"，单击"下一步"按钮。

（4）在弹出的"网站内容目录"对话框中，在文本框中转入或者单击"浏览"按钮，选择需要设置虚拟目录的文件夹所在的路径地址，如图 3-12 所示。设置完成后单击"下一步"按钮。

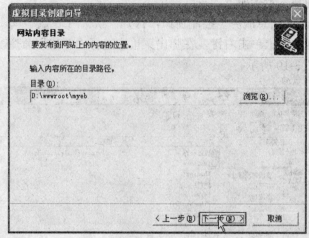

图 3-12　网站内容所在的目录选择

（5）在弹出的设置"访问权限"对话框中，可以对网站的访问方式进行设置，一般保持默认就可以了，如图 3-13 所示，单击"下一步"按钮，最终完成虚拟目录的建立。

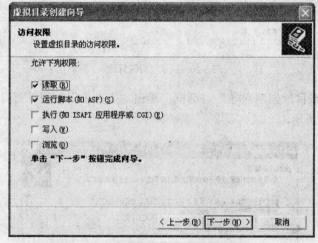

图 3-13　虚拟目录访问权限设置

这样，在 IE 地址栏中输入 http://localhost/myeb，就可以访问网站的默认页面了，如图 3-14 所示。

图 3-14　通过虚拟目录访问网站

以上方法需要通过"Internet 信息服务"控制窗口，而且操作步骤较多，还有一种更加简单快速设置虚拟目录的方法，具体如下。

（1）选择需要设置虚拟目录的文件夹，单击右键弹出快捷菜单，选择"共享和安全"命令。

（2）在弹出的"文件夹属性"对话框中选择"Web 共享"选项卡。

（3）单击"共享文件夹"前的单选按钮，弹出"编辑别名"对话框。

（4）采用默认的别名名称，单击"确定"按钮即可完成该文件夹虚拟目录的设置。

3.2.5　建立 Dreamwearver 8 动态站点

只有安装和设置 IIS 这样的 Web 服务器，才能建立一个 Dreamwearver 的动态站点。建立站点的原因一是为了该 Dreamwearver 站点中建立动态文件的方便，在该站点下新建的文件即以动态文档的形式建立；二是为调试动态文档的方便。建立一个 Dreamwearver 的动态站点，需要如下完整的步骤。

（1）在本地计算机建立站点文件夹。

这个文件夹的建立，就是为了对建立的站点所有文件进行集中存储，并且也是为了Dreamwearver 在建立站点时指向该文件夹，进行全面的管理和控制。例如，新建文件夹路径为"D:/wwwtoot/myeb"。

（2）修改"主目录"属性或者为站点文件夹建立虚拟目录。

站点文件夹建立之后，就要对 IIS 的"主目录"属性进行修改，参照 3.2.2 小节中所述方法，修改主目录为"D:/wwwtoot/myeb"，如图 3-15所示。

当然用户也可以参照 3.2.4 小节所介绍的方法为站点文件夹建立虚拟目录，这里不再赘述。

（3）在上述两个步骤完成后，就可以正式开始建立 Dreamwearver 动态站点了。

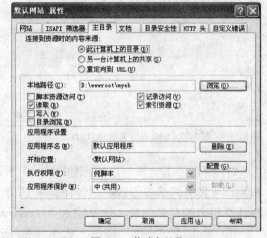

图 3-15　修改主目录

① 打开 Dreamwearver 8，单击"站点"菜单，在弹出的菜单中选择"新建站点"命令，如图 3-16 所示。

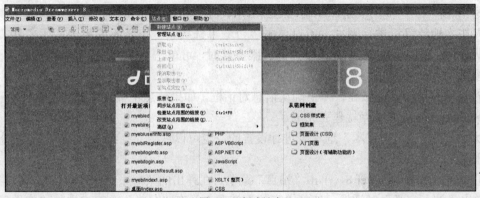

图 3-16　新建站点

② 在弹出的"站点定义"对话框中，选择"基本"选项卡，输入站点名称，一般建议和指向的文件夹名称相同（如"myeb"）。同时输入 HTTP 地址"http://localhost"，即访问该站点的 URL 地址，如图 3-17 所示。如果建立了虚拟目录，则 HTTP 地址为"http://localhost/别名"。

③ 单击"下一步"按钮，如图 3-18 所示，因为是建立动态站点，所以在弹出的对话框中单击"是，我想使用服务器技术"前的单选按钮，同时选择"哪种服务器技术"为"ASP VBScript"，即选择网络编程语言。

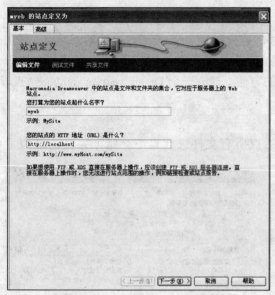

图 3-17　定义站点名称和 HTTP 地址

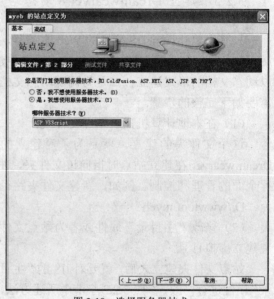

图 3-18　选择服务器技术

④ 单击"下一步"按钮，如图 3-19 所示，在弹出的对话框中，单击"在本地进行编辑和测试（我的测试服务器是这台计算机）"单选按钮，同时输入或者通过浏览，选择站点文件在计算机上的存储位置，这里输入"D:/wwwtoot/myeb"。

⑤ 单击"下一步"按钮，如图 3-20 所示，在弹出的对话框中，在"您应该使用什么 URL 来浏览站点的根目录"文本框中，输入地址应为"http://localhost"，该地址与步骤②中地址相同，单击"测试 URL（T）"按钮，如果设置成功，则出现如图 3-21 所示的提示信息。

⑥ 单击"下一步"按钮，如图 3-22 所示，在弹出的对话框中，设置是否共享。因为是个人在本地计算机进行测试，所以单击"否"单选按钮，表示不采用远程服务器。如果是团队合作，使用 Web 服务器或模拟调试服务器时，可单击"是的，我要使用远程服务器"单选按钮。

⑦ 单击"下一步"按钮，弹出确认信息对话框，如果信息正确，单击"完成"按钮，一个 Dreamwearver 动态站点就建立完成了。

以上步骤是选用"基本"选项卡进行设置的，也可以使用"高级"选项卡进行动态站点的快速建立，具体如下。

① 打开 Dreamwearver 8，单击"站点"菜单，在弹出的菜单中选择"新建站点"菜单命令，弹出"站点定义"对话框，选择"高级"选项卡，在"分类"列表中选择"本地信息"

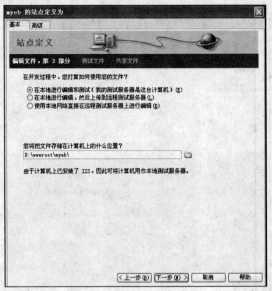

图 3-19　选择文件存储位置

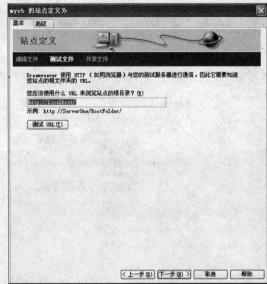

图 3-20　测试 URL

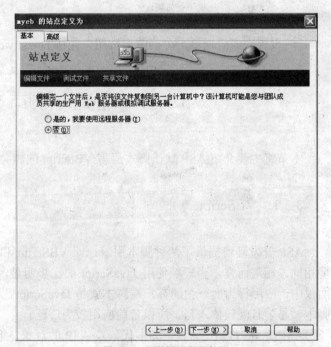

图 3-21　测试成功

图 3-22　不使用远程服务器

选项，如图 3-23 所示。输入"站点名称"，选择"本地根文件夹"，同时输入"HTTP 地址"，这些与在"基本"选项卡中定义时完全相同。

　　② 继续选择"分类"列表中"测试服务器"选项，如图 3-24 所示，进行如下设置。

● 服务器模型：选择为"ASP VBScript"。

● 访问：选择"本地/网络"，表示测试服务器在本地或者是同一局域网中的主机。

● 测试服务器文件夹：选择默认值，即和"本地根文件夹"为同一文件夹。

● URL 前缀：为"http://localhost"。

 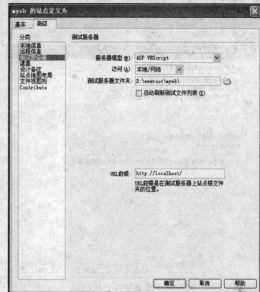

图 3-23 编辑"本地信息"　　　　　　　　图 3-24 编辑"测试服务器"

③ 设置完成后，单击"确定"按钮，完成 Dreamwearver 8 动态站点的快速建立。

3.3　ASP 的默认脚本 VBScript

本节将主要介绍 ASP 默认脚本语言 VBScript 的相关技术。

3.3.1　VBScript 简介

ASP 开发环境提供了两种脚本引擎，即 VBScript 和 JavaScript，它们功能相似，运行环境相同，相对而言，客户端使用 JavaScript 的优势明显，另外，在 Dreamweaver 的"行为"面板中，应用行为而产生的客户端脚本就是 JavaScript。不过，VBScript 是 IIS 服务器端默认脚本，易学且能较快入门，所以目前应用较为广泛。

ASP 允许 HTML 标签、脚本代码及 ASP 的对象、组件混合在一起使用。也就是说，可以将脚本代码写在 ASP 的标签内，进行解释执行。标准的服务器端 ASP 代码声明，是在"<%"和"%>"之间的内容，即为 ASP 可执行的相关内容。相对 HTML 标签而言，多了一对前后的百分号"%"。

下面的示例完成在网页中插入时间和日期显示代码，将说明 HTML、脚本、ASP 是如何混合使用的。

（1）打开站点模板文件"D:\wwwroot\myeb\Templates\ template.dwt"，如图 3-25 所示。

（2）将鼠标指针放置在待插入位置，然后切换到"代码"视图，在鼠标光标位置上输入以下代码<%=now%>，如图 3-26 所示。

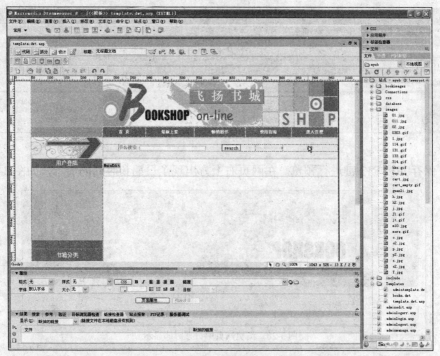

图 3-25　打开模板文件

图 3-26　输入代码

上面这一步骤也可以这样操作，先将鼠标指针放置在待插入位置，在"插入工具栏"中选择"ASP"插入栏，单击其中的输出按钮"<%="，这时页面视图自动转到拆分视图，并且在鼠标指针位置上插入了"<%=　　%>"，只要在其中输入"now（）"就可以了，如图 3-27 所示。

图 3-27　输入 ASP 代码

（3）保存并按 F12 键进行预览。在网页右上方出现了日期和时间的显示，如图 3-28 所示。

图 3-28　浏览网页中日期时间显示

这是一个很常见的 HTML、脚本、ASP 混合使用的例子，ASP 网页被请求执行再显示的流程如下。

（1）该文件的后缀名是".asp"，在客户端浏览器中输入该文件的 HTTP 路径，请求该文件。

（2）IIS 服务器接受请求，因为文件后缀是".asp"的缘故，IIS 需要对该文件进行解释执行。

（3）具体的解释是由 IIS 对标签"<%"和"%>"之间的内容进行服务器端脚本的执行，以及 ASP 对象、组件的执行。

（4）".asp"文件中的 HTML 标签部分原样继续返回浏览器，而"<%"和"%>"则是解释执行后的内容返回给客户端。

3.3.2　VBScript 数据类型

VBScript 中只有一种数据类型，即 Variant。它是一种特殊的数据类型，根据其不同的使用方式而包含不同类别的信息。Variant 可以包含数字或字符串信息，其还可以进一步区分数值信息的特定含义，并将这些数值信息类型称为子类型。Variant 包含的子类型具体如下。

（1）Empty：未初始化的 Variant，对于数值而言，值为 0；对于字符串而言，值为空字符串（" "）。

（2）Null：空值，不含任何有效数据。

（3）Boolean：逻辑值，同"布尔值"，包含"True"或"False"。

（4）Byte：单字节整数。

（5）Integer：短整数。

（6）Long：长整数。

（7）Currency：货币类型。

（8）Single：单精度浮点数。

（9）Double：双精度浮点数。

（10）Date（Time）：日期或时间类型。

（11）String：变长字符串，最大长度可为 20 亿个字符。

（12）Object：对象。

（13）Error：错误号。

3.3.3　VBScript 变量

1．变量的声明

可以在变量被赋值的同时进行变量的声明，如 str1= " my name is " ，这通常称为"隐式声明变量"。不过这样通常会因为变量名拼写错误而导致脚本的运行错误。所以，一般采用 Dim 进行具体变量的声明，如以下程序段。

```
Dim MyRepeat__index          '定义变量
MyRepeat__index = 0          '变量赋值

Dim MM_conn_STRING          '定义变量
MM_conn_STRING = "dsn=CONN;"    '变量赋值
```

2．变量的赋值

如 MM_conn_STRING = "dsn=CONN;"，其中"="不称"等于号"，而称"赋值号"，在"赋值号"左侧为变量，而值则在"赋值号"的右侧。

3．变量命名规则

变量的命名必须遵循该语言定义的标准命名规则，在 VBScript 中，变量的命名需遵循以下规则。

（1）首字符必须为字母，不能使用数字或符号。

（2）不能包含句点，变量字母不区分大小写。

（3）变量名不超过 255 个字符。

（4）在声明的范围内必须具有唯一性。

3.3.4　VBScript 运算符

VBScript 有一套完整的运算符，包括算术运算符、连接运算符、比较运算符和逻辑运算符。当表达式包含多种运算时，运算优先级依次是算术、连接、比较和逻辑运算。

1．算术运算符

（1）＾（求幂）：计算数的指数次方。

（2）－（减号或负号）：计算两个数值的差或表示数值表达式的负值。

（3）＊（乘）：计算两个数相乘。

（4）/（除）：计算两个数相除。

（5）\（整除）：两个数相除并以整数形式显示。

（6）+（加）：计算两个数相加的和。

（7）Mod（求余、取模）：显示两数相除的余数。

2．连接运算符

"+"运算符和"&"运算符都具有连接运算符的作用，但推荐使用"&"运算符作为连接运算符。因为对于"+"运算符，可能无法确定到底是加法运算还是连接运算，很容易引起混淆。

3．关系运算符

关系运算符用于比较表达式中，一般用于条件语句的条件判断中。有如下的几类比较运算符：=（等于）、<>（不等于）、<（小于）、>（大于）、<=（小于等于）、>=（大于等于）和 Is（比较引用同一对象）。

4．逻辑运算符

（1）Not（非）：对表达式执行逻辑非运算。

（2）And（与）：对两个表达式进行逻辑与运算。

（3）Or（或）：对两个表达式进行逻辑或运算。

（4）Xor（异或）：对两个表达式进行逻辑异或运算。

（5）Eqv（等价）：执行两个表达式的逻辑等价运算。

（6）Imp（蕴涵）：对两个表达式进行逻辑蕴涵运算。

多个运算符在执行时，还涉及到优先顺序问题。其优先级如下：

算术运算符>连接运算符>关系运算符>逻辑运算符

3.3.5 VBScript 语句

VBScript 语言包含 3 种结构的语句：顺序结构、分支（条件）结构和循环结构。顺序结构就是程序语句由上至下按照程序显示顺序依次执行，结构比较简单，就不再单独介绍，下面重点介绍后面的两种结构。

1．分支（条件）语句

（1）If…Then…Else…End If 语句。

```
If condition Then
[statements]
[Else If condition2 Then
[elseif statements]…
[Else
[elsestatements]]
End If
```

If…Then 之间的 condition 表示分支语句的条件，该条件只有两个值，True 或 False。若条件满足，为真，即值为 True 时，选择执行 statements 部分的内容；否则（Else），即条件不满足，为假，值为 False 时，选择执行 elsestatements 部分的内容。块 If 语句必须以 End If 语句结束。例如，

```
<%
Dim tmhour
tmhour=hour(now)              '返回当前小时的函数，将当前小时赋值给 tmhour
If tmhour<12 Then
    Response.Write("上午好！")        '输出语句"上午好！"
Else If tmhour<18 Then
Response.Write("下午好！")            '输出语句"下午好！"
Else
    Response.Write("晚上好！")        '输出语句"晚上好！"
End If
%>
```

（2）Select Case 语句。

当在条件语句中需要处理多个条件，并且都是判断同一表达式值时，使用 If 语句就显得比较麻烦，此时就可以使用 Select Case 语句。其语法如下

```
Select Case expression
[Case expressionlist-1
[statements-1]…
[Case Else expressionlist-n
[elsestatements-n]
End Select
```

其中 Select Case 后的 expression 表示数值或字符串表达式，用以作为以下各条件的比较匹配对象。Case 后的 expressionlist 就表示具体的条件内容，如果有一个内容与 expression 相匹配，则执行对应的 statements 部分的内容；如果一个都没有，则执行 Case Else 后的语句。

2．循环语句

循环用于重复执行一组语句。

（1）Do…Loop 语句。

根据循环判断条件的位置及条件的说明，Do…Loop 有如下 4 种语法。

```
Do While condition
Statements
Loop
```

表示首先判断循环条件 condition 值是否为真，为真则执行循环，一次循环执行到 Loop 继续返回 Do 语句，进行第二次的循环条件判断……，如果循环条件不满足，结束循环。

```
Do Untile condition
Statements
Loop
```

和上一种使用方法正好相反，只有在循环条件 condition 值为假时才执行循环。

```
Do
Statements
Loop While condition
```

无论条件如何，先执行一次循环，然后再判断循环条件 condition 值是否为真，为真则返回 Do 语句继续执行循环；否则，执行下面的语句。

```
Do
Statements
Loop Untile condition
```

同样是先执行一次循环，最终判定循环条件 condition 值，只有其为假时才返回 Do 语句进行下一次的循环。

（2）While…Wend 语句。

当指定条件为 True 时，则执行一系列的语句。语法结构如下。

```
While condition
Statements
Wend
```

表示当循环条件 condition 为真时执行 statements 语句，直到该条件为假，推出循环。

（3）For…Next 语句。

该语句指定了循环的次数，从而按指定的次数执行重复语句。

```
For counter=start To end [Step step]
[statements]
Next
```

counter 作为循环计算器的数值变量，从 start 开始到 end 时结束循环，其中每循环一次，counter 计数加一个 step（步长）；如果未设定步长，则默认为 1。

（4）For Each…Next 语句。

对数组或集合中的每个元素重复执行一组语句。其语法结构如下。

```
For Each element In group
[statements]
Next [element]
```

3.3.6 VBScript 过程和函数

过程是组成程序的逻辑单位，过程一般都具有特定的功能，以提供其他过程的调用。在 VBScript 中，有两类过程：Sub 过程和 Function 过程。它们的区别就在于 Sub 过程只执行操作不返回值。

1. Sub 过程

Sub 过程是包含在 Sub 和 End Sub 语句之间的一组 VBScript 语句，执行操作但不返回值，通常又称为"子程序"，其结构如下。

```
[Public|Private] Sub name [(arglist)]
…….
End Sub
```

Public 或 Private 是分别说明 Sub 过程的作用域，Public 表示可以被所有脚本的其他过程访问，而 Private 则表示只被声明该过程的脚本中的其他过程访问。arglist 表示在调用时要传递给 Sub 过程的参数的变量列表，用逗号隔开多个变量。

2. Function 过程（函数）

Function 过程又称 Function 函数或自定义函数。其语法结构如下。

```
[Public|Private] Function name [(arglist)]
…….
```

name=expression

End Function

Function 过程可返回值，该返回值保存在一个与 Function 过程同名的变量中，如上例中的 "name"，其是作为定义 Function 过程的名称，同时在过程内部可将过程最终的值赋予同名变量 "name"，则直接使用该 Function 过程就可返回值了。

在 VBScript 中，除了上述自定义函数外，还定义了大量的内部函数，以方便用户调用。例如，"now（）"是表示当前日期时间的函数，"abs（number）"则表示数字绝对值的函数，而 "lcase（string）"表示的是对字符串进行小写转换的函数。

3.4　ASP 的内置对象

ASP 提供了可在脚本中使用的内建对象。这些对象使用户更容易收集通过浏览器请求发送的信息、响应浏览器以及存储用户信息，从而使对象开发者摆脱了很多烦琐的工作。

ASP 的内置对象，主要包括 Request、Response、Session、Application、Server 及 Object Context，这些对象都有其特别的任务与工作，下面分别简要介绍。

3.4.1　Request 对象

主要功能：负责从用户端接收信息。

Request 对象扮演着和浏览器沟通的重要角色，用户可以使用 Request 对象访问任何用 HTTP 请求传递的信息，包括从 HTML 表单用 POST 方法或 GET 方法传递的参数、Cookie 和用户认证。Request 对象总共提供了 Form 集合、Cookies 集合、ClientCertificate 集合、ServerVariables 集合及 QueryString 集合等。Request 对象提供 BinaryRead 方法，该方法是以二进制方式来读取客户端使用 POST 传送方法所传递的数据，使用户能够访问客户端发送给服务器的二进制数据。

语法格式：Request［.Collection | property | method］（Var）

3.4.2　Response 对象

主要功能：负责传送信息给用户。

可以使用 Response 对象控制发送给用户的信息，从 Web 应用程序的角度考虑，刚好是将数据发给浏览器用户，包括直接发送信息给浏览器、重定向浏览器到另一个 URL 或设置 Cookie 的值，Response 对象提供一个集合对象，9 种属性和 8 种方法。

Response 对象用于向客户端浏览器发送数据，用户可以使用该对象将服务器的数据以 HTML 的格式发送到用户端的浏览器，它与 Request 组成了一对接收/发送数据的对象，这也是实现动态的基础。

语法：Response.collection | property | method

Response 对象的常用方法具体如下。

1．Write 方法

该方法把数据发送到客户端浏览器，如

<% Response.Write "Hello，World！" %>

2．Redirect 方法

该方法使浏览器可以重新定位到另一个 URL 上，这样当客户发出 Web 请求时，客户端的浏览器类型已经确定，客户被重新定位到相应的页面。如

<% response.redirect(index.asp)%>

当执行这条时，将转到 index.asp 去了。

3．End 方法

该方法用于告知 Active Server 当遇到该方法时停止处理 ASP 文件。如果 Response 对象的 Buffer 属性设置为 True，这时 End 方法即把缓存中的内容发送到客户端并清除缓冲区。所以要取消所有向客户端的输出，可以先清除缓冲区，然后利用 End 方法。如

```
<%
Response.buffer=true
On error resume next
Err.clear
if Err. number<>O then
    Response.Clear
    Response.End
end if
%>
```

3.4.3 Session 对象

主要功能：负责存储个别用户的信息，以便重复使用。

Session 对象主要是用来存储特定的用户会话所需的信息。Session 对象的信息只适用于同一位用户，与 Application 对象相对，Application 对象主要用来存取同一 Web 应用程序多个用户共享的信息，换句话说，一个 Session 对象只属于一位用户，Session 对象提供了 4 种属性，1 种方法，两个事件和两个集合对象。当用户在应用程序的页之间跳转时，存储在 Session 对象中的变量不会清除；而用户在应用程序中访问页时，这些变量始终存在。

Session 其实指的就是访问者从到达某个特定主页到离开为止的那段时间，每个访问者都会单独获得一个 Session。

Session 可以用来储存访问者的一些喜好，例如，访问者是喜好绿色背景还是蓝色；访问者是否对分屏方式不喜欢，以及访问者是否只浏览纯文本的站点，这些信息都可以依靠 Session 来跟踪。

Session 还可以创建虚拟购物车。无论什么时候访问者在此网站中选择了一种产品，这种产品就会进入购物车，当访问者准备离开时，就可以立即对所有选择的产品订购。这些购物信息可以被保存在 Session 中。本书第 6 章介绍的实例——网上书店系统中购物车的实现就是利用了 Session 对象。

另外，Session 还可以用来跟踪访问者的习惯，可以跟踪访问者从一个主页到另一个主页，这样对站点的更新和定位是非常有好处的。

Session 的发明填补 HTTP 的局限，HTTP 是用户发出请求，服务端作出响应，这种客户端和服务端之间的联系就是离散的，非连续的。在 HTTP 中没有什么能够允许服务端来跟踪用户的请求。在服务端完成响应用户请求后，服务端不能持续与该浏览器保持连接。从网站的观点上看，每一个新的请求都是单独存在的，因此 HTTP 被认为是 Stateless 协议，当访问者在多个主页间转换时，根本无法知道他的身份。Sessions 的作用就是弥补了这个缺陷。

3.4.4　Application 对象

主要功能：负责存储数据以供多个用户使用。

可以使用 Application 对象使给定应用程序的所有用户共享信息，尤其是在多任务执行的状态下，很多的用户同时执行同一个 Web 应用程序，如果想要这些用户共享信息，就可以依靠 Application 对象，也就是说 Application 对象内含的所有信息，可以流通于同一个应用程序和多个 ASP 文件之间，在执行此 Web 应用程序的用户都能共享这些信息。

在 Web 应用程序中，当一个用户访问该应用时，Session 类型的变量可以供这个用户在该 Web 应用的所有页面中共享数据；如果另一个用户也同时访问该 Web 应用，那么他也拥有自己的 Session 变量，但两个用户之间无法通过 Session 变量共享信息。而 Application 类型的变量则可以实现站点多个用户之间在所有页面中共享信息，可以理解 Session 是局部变量，而 Application 则为全局变量。

3.4.5　Server 对象

主要功能：负责控制 ASP 的运行环境。

Server 对象位于整个 ASP 对象模型的顶端，能够完成许多服务器端的重要功能。该对象提供对服务器上的方法和属性的访问，其中大多数方法和属性是作为应用程序的功能服务的。最常用的方法是创建 ActiveX 组件（Server.CreateObject）。其他方法有取得用户端浏览器的信息，建立数据库连接与存取文件，将虚拟路径映射到物理路径以及设置脚本的超时期限。

3.4.6　Object Context 对象

主要功能：可供 ASP 程序直接配合 MTS（Microsoft Transaction Server）进行分散式的事务处理。

Object Context 对象是一个以组件为主的事务处理系统，可以保证事务的成功完成。使用 Object Context 对象，就允许程序在网页中直接配合 MTS 使用，可以使用 Object Context 对象提交或撤销由 ASP 脚本初始化的事务，从而可以管理或开发高效率的 Web 服务器应用程序。

3.5　ASP 的组件

ASP 的优势不仅仅通过其内置对象的简单功能来表现，更多的则是采用 ActiveX 组件进行更为强大的 Web 应用来显示。

3.5.1　ASP 组件简介

ActiveX 服务器组件（ActiveX Server Components）是一个存在于 Web 服务器上的文件，该文件包含执行某项或一组任务的代码。该文件一般是.exe，.dll 或.ocx 格式的文件。

组件可以执行公用任务，实现代码的重用，并且使用组件就不必自己去创建执行这些任务的代码，而只需了解如何访问和应用这些组件对象即可。总之，组件就是由专业开发人员开发的功能强大的程序模块，而普通用户只需直接应用这些强大功能即可。

ActiveX 组件一般由下面 3 个途径获得。

（1）安装 IIS 服务器以后，ASP 自带的一些内置组件，如 Database Access 数据库访问组件。

（2）从第三方开发者处获得可选的组件，或者免费或者收费，如一些上传组件、邮件组件等。

（3）可以使用 Visual Basic、Java、Visual C++、COBOL 等程序设计语言来编写所需要的 ActiveX 服务器组件。

特别要注意的是，如果组件是从第三方获得或者是自己编写的，那么在使用该组件功能前需要将组件进行注册。但 ASP 内置的组件在安装 IIS 时就已经是注册安装的，所以可不必注册。

3.5.2　ASP 常见组件

在 ASP 中常见的组件一般包括以下几种。

（1）AdRotator 组件，该组件通常又称做广告轮显组件，其功能相当于在网站上建立一个符合广告领域标准功能的广告系统。

（2）ContentRotator 组件，该组件通常又称做内容轮显组件。

（3）Browser Capabilities 组件，该组件能提取识别客户端浏览器的版本信息。

（4）Content Linking 组件，通过该组件建立一个目录表，并且还可在它们中间建立动态链接，并自动生成和更新目录表及先前和后续的 Web 页的导航链接。

（5）Counters 组件，该组件用于创建一个或多个计数器，这些计数器用于跟踪某一网页或某一网站访问次数的信息。

（6）File Access 组件，该组件能对服务器中的文件系统进行访问和控制。

（7）Database Access 组件，使用该组件可使用 ActiveX Data Object（ADO）进行数据库的访问和控制。

在后面几章中介绍的 Dreamweaver 操作 ASP 组件中使用最频繁的就是 Database Access 组件，通过该组件实现 ASP 访问和控制数据库，从而实现 Web 应用程序的强大功能。

本 章 小 结

ASP 是当前进行动态数据库网站开发最流行的技术之一。开发 ASP 动态网站，需要构建基本的运行和开发环境，了解 ASP 的基本语法。本章首先介绍了 ASP 服务器的安装和设置，搭建起一个 ASP 运行的基本环境；然后，介绍了 ASP 语言的基础——VBScript 语言的基本语法、函数和过程以及常用的语句，同时，介绍了 ASP 的内置对象以及常用组件。本章是对 ASP 基本的介绍，在后续的几章中将利用实例详细讲解在 Dreamweaver 8 如何操作实现。

习　　题

一、填空题

1．ASP 开发环境提供了两种脚本引擎，是_____和_____。

2．ASP 用于数据传递的 6 大内置对象分别是_____、_____、_____、_____、_____、_____和_____。

3．_____对象的作用是获取网页访问者在网页上输入的各种信息，与它相反的是_____对象，用来将处理结果反馈给客户端进行显示。

4．_____对象负责存储个别用户的信息，以便重复使用。它经常用于创建虚拟购物车。

5．使用 ASP_____组件可使用 ActiveX Data Object（ADO）进行数据库的访问和控制。

6．VBScript 所支持的 4 种循环结构分别是_____、_____、_____和_____。

7．函数和过程不同之处在于，函数每次执行完，都要_____。

二、选择题

1．_____组件可用于创建一个或多个计数器，这些计数器用于跟踪某一网页或某一网站访问次数的信息。

A．AdRotator 组件　　　　　　　　　B．Counters 组件

C．Database Access 组件　　　　　　　D．File Access 组件

2．在所有的 VBScript 运算符种，优先级最低的是_____。

A．算术运算符　　　B．连接运算符　　　C．关系运算符　　　D．逻辑运算符

3．下列几个运算符中，哪一个不是 VBScript 的算术运算符_____。

A．^　　　　　　　　B．+　　　　　　　　C．*　　　　　　　　D．%

三、简答题

1．比较 ASP 和 JSP、PHP 的优缺点。

2．简述 ASP 的 6 个内置对象在数据库网页数据传递中的作用。

3．简述如何在网页中插入时间和日期显示代码。

第 4 章　数据库访问技术

数据库是实现交互式动态网站的基础，在网页中检索并显示存储在数据库中的信息是 ASP 动态网站建设的重要内容之一。本章以 Access 数据库为基础介绍数据库的创建以及如何在动态网站中与数据库进行连接的基本方法和相关知识。

4.1　数据库基本概念

在动态网页的设计中，除了和用户进行交互以外，服务器还需要收集用户的相关信息。常见的动态网站，如留言本、论坛、会员系统、新闻系统等，这些都需要接收并保存信息。网站通过与数据库系统相连接，对其中的数据进行存取，创建和设置以数据展示为基础的交互式网页。

1. 数据库的定义

数据库（DataBase，DB）是存储在计算机中有组织、可共享的数据的集合，可通过数据库管理系统进行管理，并能生成相应的数据库文件。数据库的数据模型发展至今，已有 3 种类型：层次数据库、网状数据库和关系型数据库。目前最重要也是应用最广泛的是关系型数据库。

2. 关系型数据库

关系型数据库通过关系来描述世界。一个关系可以描述一个实体，也可以描述实体之间的联系。它的数据结构比较单一，可以简单看作是一张二维表格，每一张表格称为一个关系。表又由一系列行和列组成，每一行是一个记录，每一列是一个字段，每个字段有一个字段名，图 4-1 所示的表格是网上书店的会员信息表。该表由两条记录组成，代表两个会员信息，每个记录又是由 "userid"、"username"、"usermail"、"password" 等字段组成。

userid	username	useremail	userpassword	mobile	userqq	adddate
58	geng	gengxia@163.com	geng	1395288****	493****	2008-3-28 20:38:38
59	user1	user1@163.com	user1	139******88	6925***	2008-3-17 21:45:25
62	yang	123@163.com	yang			2008-3-28 20:04:16
(自动编号)						

图 4-1　网上书店的会员信息表

3. 数据库管理系统的定义

数据库管理系统（DataBase Management System，DBMS）是用来帮助用户建立、维护、使用和管理数据库的软件系统。可以这么说，用户如果需要建立、使用或维护管理一个数据库，必须要有 DBMS 的支持。DBMS 一般具有如下几大特点。

（1）数据结构化。在数据库中，数据是按照某种数据模型组织起来的，不仅文件内部数据之间彼此是相关的，而且文件之间在结构上也有机地联系在一起，整个数据库浑然一体，实现了整体数据的结构化。

（2）数据共享性好，冗余度低。实现数据共享后，就可以将数据库中不必要的重复数据清除掉，减少了数据冗余，并且实现数据访问的一致性。

（3）较高的数据和程序的独立性。在数据库系统中，数据库管理系统提供了映像功能，实现了应用程序和数据库逻辑结构、数据库逻辑结构和物理结构之间的独立性。数据的独立性提高了数据库系统的稳定性，也降低了程序维护的复杂性。

当前流行的 Web 数据库管理系统有 Access、SQL Server、Oracle、DB2、Sybase 和 MySQL，不过小规模的企业或个人多使用微软公司的 Access，本书介绍的网站实例所用到的数据库管理系统即是 Access。Access 相对其他 DBMS 来讲，它不仅功能强大，而且简单易学，应用非常广泛。

4.2　Access 简介

Access 数据库是由微软公司开发和推广的关系数据库管理系统。从 Office 97 起，其就作为一个组件被集成到 Office 中，所以 Access 的安装和删除也变得非常容易，这里就不再赘述。

4.2.1　创建数据库文件

安装完成 Access 数据库以后，就可以使用 Access 数据库，创建一个自己的数据库和多个表并存储数据。这里以 Access 2003 为例介绍。

（1）选择菜单"开始"|"程序"|"Microsoft Office"|"Microsoft Office Access 2003"命令，进入 Access 2003 数据库管理系统，单击"文件"菜单，从下拉菜单中选择"新建"命令，打开"新建文件"任务窗口，如图 4-2 所示。

（2）单击其中的"空数据库"进行新建。弹出"文件新建数据库"对话框，选择数据库文件的"保存位置"，并输入数据库"文件名"，单击"创建"按钮即可完成数据库文件的建立，如图 4-3 所示。

图 4-2　新建"空数据库"

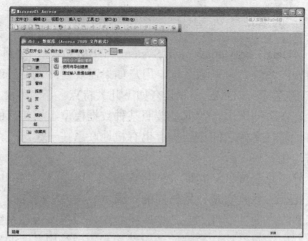

图 4-3　数据库设计主界面

4.2.2　创建数据表

（1）创建数据库表有 3 种方法，使用设计器创建表、使用向导创建表和通过输入数据创建表。这里使用最常用的方法——使用设计器创建表，如图 4-3 所示。单击"设计"按钮 设计(D)，打开如图 4-4 所示的界面。

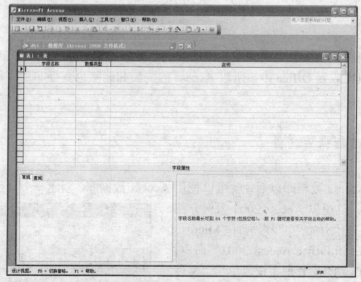

图 4-4　表的设计

（2）输入字段名称，如"userid"，单击右边的"数据类型"下拉列表框，在下拉菜单中选择"自动编号"，如图 4-5 所示。数据类型可以选择多种，如文本、数字、备注、时间等，每种都对数据的格式有所要求，可以根据字段的含义进行选择。

（3）重复步骤（2），输入所有的字段，如图 4-6 所示。然后单击"关闭"按钮，关闭当前对话框，弹出"另存为"对话框，为表命名，如 user，系统弹出对话框，如图 4-7 所示。单击"是"按钮，系统默认设置第一个字段为主键。

Access 中的表都需要定义主键，它是记录的唯一标识，一般是对具有唯一性的字段进行定义，如字段类型是"自动编号"，可以在输入字段时进行设置，如图 4-8 所示，单击选择某字段对应的行，如"userid"字段所在的行，单击"主键"按钮，设置该字段为主键字段。

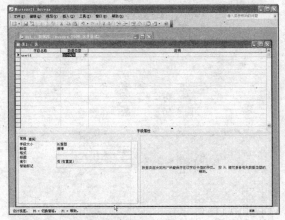

图 4-5 输入表字段

图 4-6 所有字段输入

图 4-7 设置主键提示

图 4-8 设置主键

4.2.3 录入数据库内容

在创建完数据库文件，建立数据库的表及其相关字段后，则可将相关的外部数据录入数据库中。

（1）图 4-9 所示的是选择数据库中已建立的表，单击数据库窗口中的"打开"按钮，或直接双击该数据库表，打开该表进行数据的录入，如图 4-10 所示。

（2）表中的每一行表示一条记录，一条记录可包含多个字段，在字段中输入相应字段类型的值，即完成数据的录入，如图 4-11 所示。录入完毕后直接关闭该窗口即可。

通常一个网站会涉及多个数据表，如网上书店系统，就包括了会员信息表、图书信息表、订单表等多个表，在设计数据库时，一般一个系统对应一个数据库文件，在这个文件中创建多个表存储不同的信息，如在本书后面介绍的实例——网上书店系统，如图 4-12 所示。

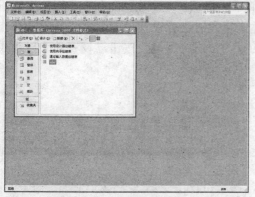

图 4-9　数据库设计界面图

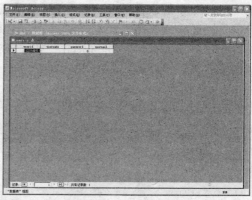

图 4-10　打开数据库的表

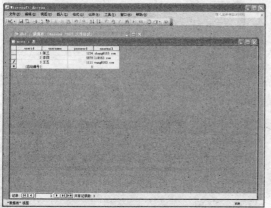

图 4-11　录入数据

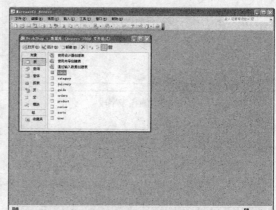

图 4-12　数据库实例

4.3　ASP 连接数据库

数据库创建之后，就可以和网页进行连接。但是 ASP 应用程序本身不能与数据库直接进行通信，必须借助于数据库驱动程序才能与后台数据库进行连接，所以首先要创建一个 ODBC 数据源。

4.3.1　ODBC 数据源

1. 什么是 ODBC

开放数据库互连（Open Database Connectivity，ODBC）是微软公司开放服务结构（Windows Open Services Architecture，WOSA）中有关数据库的一个组成部分，它建立了一组规范，并提供了一组对数据库访问的标准应用程序编程接口（API）。这些 API 利用 SQL 来完成其大部分任务。ODBC 本身也提供了对 SQL 的支持，用户可以直接将 SQL 语句传给ODBC。

　　ODBC 驱动程序是一些 DLL 文件,提供了 ODBC 和数据库之间的接口。一个基于 ODBC 的应用程序对数据库的操作不依赖任何 DBMS,不直接与 DBMS 打交道,所有的数据库操作由对应的 DBMS 的 ODBC 驱动程序完成。这个接口提供了最大限度的相互可操作性:一个应用程序可以通过一组通用的代码访问不同的数据库管理系统。

　　ODBC 就类似联合国大会上使用的语言翻译机,可以把各个国家的语言翻译成一种大家都能理解的语言:英语。因为现有的数据库管理系统种类太多,如 ACCESS,SQL Server,Oracle,Sybase,MySql,Foxpro 等,如果每访问一种数据库都要去学习一种编程语言是不现实的,现在有了 ODBC,只要学习一种语言就可以了,那就是 SQL。

2. 什么是 DSN

　　数据源名称(DSN)是表示一组数据库连接参数的单词标识符。这些参数包括服务器名称、指向数据库的路径或数据库名称,要使用的 ODBC 驱动程序、用户名和密码等,当然并不是每个参数都是必须的。也就是安装 ODBC 驱动程序以及创建一个数据库之后,必须创建一个 DSN,每个 DSN 对应一个具体的数据库连接。

　　一个 DSN 可以定义为以下 3 种类型中的任意一种。

　　(1)用户数据源:这个数据源对于创建它的计算机来说是局部的,并且只能被创建它的用户使用。

　　(2)系统数据源:这个数据源属于创建它的计算机并且是属于这台计算机而不是创建它的用户。任何用户只要拥有适当的权限都可以访问这个数据源。

　　(3)文件数据源:这个数据源对底层的数据库文件来说是确定的。换句话说,这个数据源可以被任何安装了合适的驱动程序的用户使用。

3. 设置 DSN

　　一个 DSN 连接需要服务器的系统管理员在服务器上通过控制面板中的 ODBC 工具设置,具体设置步骤如下。

　　(1)打开“控制面板”窗口,单击“管理工具”图标,打开“管理工具”窗口。

　　(2)单击“数据源(ODBC)”图标,弹出“ODBC 数据源管理器”对话框,如图 4-13 所示。

　　(3)单击“系统 DSN”选项卡,切换到“系统 DSN”界面,如图 4-14 所示。

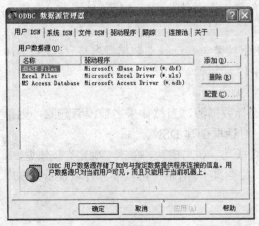

图 4-13　“ODBC 数据源管理器”对话框

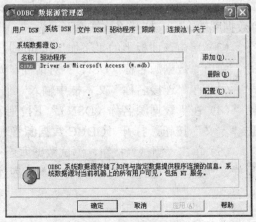

图 4-14　“系统 DSN”选项卡

（4）单击"添加"按钮，弹出"创建数据源"对话框，如图 4-15 所示。

（5）在列表框中选择"Driver do Microsoft Access（*.mdb）"选项，然后单击"完成"按钮，打开"ODBC Microsoft Access 安装"对话框，如图 4-16 所示：

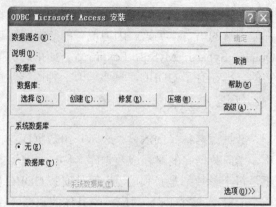

图 4-15　"创建数据源"对话框	图 4-16　"ODBC Microsoft Access 安装"对话框

（6）在"数据源名"文本框中输入名称，如 conn，单击"选择"按钮，在打开的"浏览文件"对话框中选择要连接的数据库文件。

（7）在选择完数据库文件之后，单击"确定"按钮，返回到"ODBC 数据源管理器"对话框，单击"确定"按钮，完成设置。

至此就完成了一个连接 Access，且名称为 conn 的数据源的创建。

4.3.2　使用 DSN 连接数据库

创建数据源之后，就可以在 Dreamweaver 8 中建立数据库连接，当然首先要在 Dreamweaver 创建动态站点及 ASP 动态文件（参考第 3 章第 3.2.5 节）。建立数据库连接有两种方法：使用数据源名称（DSN）和使用自定义连接字符串。下面首先介绍第一种方法。

（1）在 Dreamweaver 8 中打开站点 myeb 中任何一个文件，然后选择菜单栏中"窗口"|"数据库"命令，打开"数据库"面板。

（2）单击该面板上的"添加"按钮 ，弹出下拉菜单，选择"数据源名称（DSN）"命令，弹出"数据源名称（DSN）"对话框，如图 4-17 所示。

（3）在"连接名称"文本框中输入一个名字，如 conn。

（4）在"数据源名称（DSN）"下拉列表中选择数据源，当然如果之前没有建立，则单击"定义"按钮，打开"ODBC 数据源管理器"对话框创建 DSN。

（5）单击"测试"按钮，测试数据库连接是否成功。如果成功，单击"确定"按钮返回。这样，"数据库"面板中应该具有了数据库连接，如图 4-18 所示，可以展开各项查看数据库内容。

图 4-17　"数据源名称（DSN）"对话框　　　　　图 4-18　数据库连接

4.3.3　使用自定义连接字符串连接数据库

使用 DSN 进行数据库连接比较麻烦在于，每次连接之前都需要在 Windows 控制台定义 DSN，然后在 Dreamweaver 8 环境下创建连接。除了这种连接方法以外，还可以使用自定义连接字符串进行连接。具体操作步骤如下。

（1）在 Dreamweaver 8 中打开站点 myeb 中任何一个文件，然后选择菜单栏中"窗口"|"数据库"命令，打开"数据库"面板。

（2）单击该面板上的"添加"按钮，弹出下拉菜单，选择"自定义连接字符串"，这时会打开"自定义连接字符串"对话框，如图 4-19 所示。

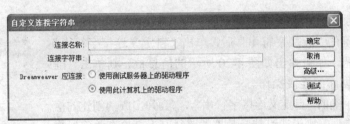

图 4-19　"自定义连接字符串"对话框

（3）设置"链接名称"为"conn"，"连接字符串"文本输入框的内容主要包括以下两方面的信息。

●、一是所连接数据库的驱动，表示 ASP 连接数据库所需要的驱动程序，一般可使用"Provider"或"Driver"。"Provider"是指定数据库的 OLE DB 提供程序，如对 Access 的指定是"Provider＝Microsoft.Jet.OLEDB.4.0;"。而"Driver"则是指在没有为数据库指定 OLE DB 提供程序时所使用的 ODBC 驱动程序，如对 Access 的指定是"Driver＝｛Microsoft Access Driver（*.mdb）｝;"。

这里简单介绍一下 OLE DB。OLE DB 是微软公司推荐的一种数据库连接技术，使用 OLE DB 程序与数据库进行通信，创建特定的 OLE DB 连接，可以消除 Web 应用程序和数据库之间的 ODBC 层，提高连接速度，它不需要设置 DSN，但是必须为数据库指定 OLE DB 提供程序。

"Microsoft Jet 4.0 OLE DB Provider"是微软公司极力推荐的 OLE DB 提供程序，目前它支持 Access、SQL Server、Oracle 等多种类型的数据库，使用它可以更简单高效地访问数据库。但是使用该驱动程序，必须安装 MDAC 2.1 以上版本的数据库访问组件，可以在微软公司的官方网站下载到该文件。

● 二是数据库文件的路径，表示所要连接数据库文件的地址。注意，该路径地址是在承载数据库文件的服务器上的路径地址。具体地址内容与"Dreamweaver 应连接"的选择有关。

（4）"Dreamweaver 应连接"有两个选项可供选择。

当选择"使用测试服务器上的驱动程序"时，即表示数据库文件在测试服务器上，要获得服务器上的数据库路径，而该路径必须是服务器上该数据库文件的物理路径。据此情况，使用 Server.Mappath 方法将服务器虚拟路径转变成物理路径即可。

当选择"使用此计算机上的驱动程序"时，表示数据库文件在本地计算机中具体位置，一般在某磁盘目录下的某特定文件夹中，如"D:\wwwroot\myeb\database\bookshop.mdb"。

（5）综合以上分析，可得出"连接字符串"的几种输入情况如下：

① Driver＝｛Microsoft Access Driver（*.mdb）｝;DBQ＝D:\wwwroot\myeb\database\bookshop.mdb

表示"使用此计算机上的驱动程序"的 ODBC 驱动程序；

② Provider＝Microsoft.Jet.OLEDB.4.0;Data Source=D:\wwwroot\myeb\database\bookshop. mdb

表示"使用此计算机上的驱动程序"的 OLE DB 提供程序；

③ "Driver＝{Microsoft Access Driver（*.mdb）};DBQ="&Server.Mappath("/database/bookshop.mdb")

表示"使用测试服务器上的驱动程序"的 ODBC 驱动程序；

④ "Provider=Microsoft.Jet.OLEDB.4.0;Data Source="&Server.Mappath("/database/bookshop.mdb")

表示"使用测试服务器上的驱动程序"的 OLE DB 提供程序。

（6）输入正确的"连接字符串"后，单击"自定义连接字符串"中的"测试"按钮，如果弹出如图 4-20 所示的信息框，则单击"确定"按钮完成数据库的连接操作。

一般设置了正确的"自定义连接字符串"，都会弹出成功创建的信息框。如果出现错误，则说明可能是数据的路径有误，检查并确保物理路径的正确性；也可能是"Dreamweaver 应连接"选择有错；或者是"连接字符串"写入有错，如缺少输入引号，或者输入的引号是中文输入法状态下的格式（应为英文输入法下的引号）等。

图 4-20 成功创建

（7）添加数据库连接以后，Dreamweaver 8 自动在站点跟目录下新建 Connections 文件夹，以及该文件夹下的数据库连接文件"conn. asp"，双击打开该文件，切换至"代码"视图，可以看到文件的主要内容就是"连接字符串"内容，如图 4-21 所示。

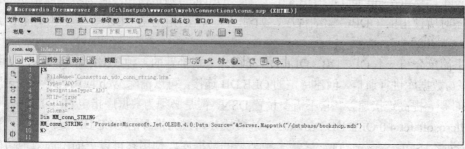

图 4-21 数据库连接文件

其中还需要注意的一个文件就是创建数据库连接时打开的动态文件。因为数据库的连接是通过该文件打开"应用程序"的"数据库"面板新建的数据库连接，那么这个文件是否发生变化了呢？实际上该文件并没有任何变化，数据库的连接只是借站点内任意一个文件为引子，通过该文件才能打开"数据库"面板，从而建立数据库连接，最终的目的是生成数据库连接文件。所以，以后在站点中新建各动态文件，并不需要建立新的数据库连接，所需的是"绑定记录集"，这就是下一节将介绍的内容。

4.3.4　ASP 绑定数据源

一个 ASP 页面与数据库连接，就单独这一功能来说，对 ASP 页而言是没有实际意义的。ASP 页最需要的是对数据库的表及表中字段进行具体操作，而连接数据库只是基本前提。所以每个需要对数据库表及字段进行操作的 ASP 页，还需要绑定相关查询记录集。这个记录集相对于数据库表而言，它可以是某个数据库表中的部分内容或全部内容，或者是多个数据库表之间的联合内容。

1. 创建记录集

（1）打开任何一个动态文件，然后打开"应用程序"的"绑定"面板，如图 4-22 所示，单击其中的"添加"按钮，在弹出菜单中选择"记录集（查询）"命令，弹出如图 4-23 所示的"记录集"对话框。

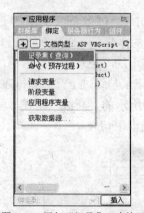

图 4-22　添加"记录集（查询）"

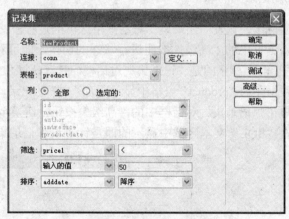

图 4-23　"记录集"对话框

（2）"记录集"对话框包含了以下内容。

① 名称：即绑定的记录集名称，以简单表示该记录集查询所定义的内容。该名称只能包含字母、数字和下划线字符"_"，不能使用特殊字符或空格。

② 连接：表示连接数据库源。因为已经具有了数据库连接文件，所以可直接从下拉菜单中选择。若此时没有任何选择项目，则表示未定义数据库连接，需要"定义"后再来设置该"连接"。

③ 表格：表示需要连接的数据库中的表。从下拉菜单中选择需要查询的表即可。

④ 列：表示需要查询数据库表中的哪些字段。选择"全部"即表示查询数据库中的所有字段；选择"选定的"则表示可对数据库表的字段进行有目的的查询。具体方法是在下方的

列表框中，按住 Alt 键的同时，用鼠标点选多个"列"项目。

⑤ 筛选：表示当前查询记录集的条件，按照该条件将会得出不同的数据筛选记录结果。例如，

- 在第一个弹出菜单中，选取数据库表中的列，以将其与定义的测试值进行比较；
- 在第二个弹出菜单中选取一个条件表达式，以便将每个记录中的选定值与测试值进行比较。
- 在第三个弹出菜单中选取"输入的值"；
- 本框中输入测试值。

⑥ 排序：可将数据库表中的记录按相应的排序进行记录集查询、绑定操作。

- 在第一个弹出菜单中，选取数据库表中的列。

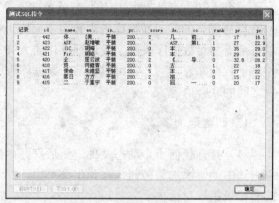

- 在第二个弹出菜单中选取排序方式。

（3）输入完成后，单击"确定"按钮即可完成当前动态文档的记录集查询和绑定操作。

（4）单击"记录集"对话框中的"测试"按钮，可以看到"测试 SQL 指令"对话框，显示的数据库表中所有记录的情况，如图 4-24 所示。

图 4-24 "测试 SQL 指令"对话框

2. 记录集的本相

实际上，设置"记录集"对话框中选项的过程，就是生成 SQL 语句的过程。单击"记录集"对话框中的"高级"按钮进行状态的切换，即可看到记录集的本相——SQL 查询语句。

图 4-23 所示的是"记录集"对话框，是默认打开的简单模式下的"记录集"对话框，表示从数据库的"product"表格中显示所有"列"的记录，当然这些记录是经过了筛选和排序的。

单击"记录集"对话框中的"高级"按钮，切换至如图 4-25 所示的"高级"模式，可以看到在"SQL"文本区域中显示的即是针对设置记录集的 SQL 查询语句。

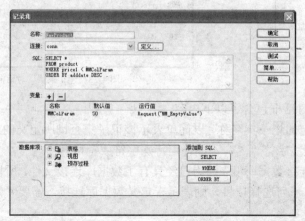

图 4-25 "高级"模式下的"记录集"对话框

（1）"SELECT"表示提取记录，"*"表示数据库表中所有的字段。

（2）"FROM"表示从哪个数据库表中提取字段的记录值，"product"即表示数据库中名

为 product 的表。

（3）"WHERE"表示记录集筛选条件，"price1"为筛选对象，"MMColParam"为筛选的值，其是一个变量，具有默认值"50"和运行值 Request（"MM_EmptyValue"）。

（4）"ORDER BY"表示提取记录集排序的条件，"adddate"为排序的对象字段，"DESC"表示"降序"。

该 SQL 语句的含义是从数据库的 product 表中提取字段 price1 值小于 MMColParam 变量值的所有字段记录，并按照 price1 字段值的降序顺序来显示记录集。这和在"简单"模式下设置的内容是完全吻合的。

这里的 SQL 语句只是一个较简单的示例，在本书后面还会继续使用并穿插介绍相关 SQL 语句。

本 章 小 结

本章以 Access 数据库为基础，首先介绍了数据库的创建、字段的定义以及属性设置。接着介绍了如何在 Dreamweaver 8 环境下将 ASP 页面与数据库进行连接。最后介绍了绑定相关查询记录集的基本方法和相关知识。通过本章的学习，读者应该了解并掌握传统静态网页和基于数据库的交互式网页的区别与联系。

习　　题

一、填空题

1．数据库的数据模型有 3 种类型：＿＿＿＿＿、＿＿＿＿＿和＿＿＿＿＿。

2．创建数据库表有 3 种方法，分别是＿＿＿＿＿、＿＿＿＿＿和＿＿＿＿＿。

3．ASP 应用程序本身不能与数据库直接进行通信，必须借助于＿＿＿＿才能与后台数据库进行连接。

4．在 Dreamweaver 8 环境下，ASP 应用程序可以通过＿＿＿＿方式和＿＿＿＿方式与 Access 数据库建立连接。

5．一个 DSN 可以定义为以下 3 种类型中的任意一种：＿＿＿＿＿、＿＿＿＿＿、＿＿＿＿＿。

二、简答题

1．简述什么是 ODBC 和 DSN。

2．建立数据库连接可以使用自定义连接字符串的方法，简述"连接字符串"的几种输入情况。

3．练习使用本地 DSN 进行数据库连接。

4．练习创建一个新闻发布系统的新闻信息数据表。

第 5 章 动态网站开发综合实例——网上书店系统

伴随着电子商务网站的大量涌现，企业网络化已经成为一种营销捷径。本章以制作一个网上书店为例，介绍采用 Dreamweaver+ASP+Access 的模式定制一个小型商务平台的方法。本系统采用模块化设计理论，从客户需求以及程序方便维护的角度出发进行设计。

本章通过丰富的图表以及通俗易懂的语言，希望读者能够通过该实例的学习，掌握动态网站开发的基础知识。

5.1 网上书店系统简介

本节主要介绍系统设计的前期准备，包括客户需求的总结和功能模块的划分。基本过程是根据客户的需求总结系统设计主要完成的功能，以及将来扩展需要完成的功能，然后根据设计的功能划分出系统的各个模块，最后根据功能模块进行数据库表的设计。

5.1.1 网上书店系统逻辑分析

在一个网上书店系统中，用户的需求可以分为客户需求和管理需求，下面分别介绍这两种身份用户的需求。

1. 客户需求

（1）可以查看热门图书和最新上架图书的详细信息。
（2）可以根据图书分类查看图书。
（3）可以查看用户使用指南。
（4）通过关键字检索图书。
（5）用户登录和注册，会员登录以后才可以进行购物操作。
（6）用户个人信息修改
（7）将图书放置到购物车。
（8）查看购物车和个人图书订单。

2. 管理需求

（1）图书管理：浏览、增加、修改和删除图书信息。

（2）注册用户管理：查看、修改和删除注册用户信息。

（3）订单管理：查看、修改和删除用户订单。

（4）用户使用指南管理：查看、修改和删除使用指南。

（5）管理员管理：增加、修改管理员信息。

（6）管理员注销退出。

3．总体设计流程

网上书店系统的总体流程设计如图 5-1 所示。该系统主要功能分为两部分，用户进入网站首页，可以进行会员注册、检索图书、查看图书、查看使用指南等操作，在登录成功后还可以进行购物、修改注册信息和查看购物车以及用户订单等操作；管理员成功登录后可以进行维护系统的操作。

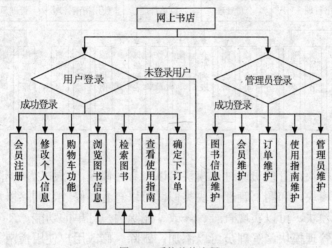

图 5-1　系统总体流程

5.1.2　网上书店系统功能模块简介

根据上一节的功能分析，可以画出网上书店系统的功能模块图，本节从客户界面和管理界面分别对功能模块图加以介绍。客户界面功能模块图如图 5-2 所示。

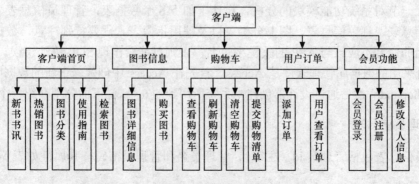

图 5-2　客户端模块功能

（1）最新书讯展示及热销图书展示模块，提供了客户关心的信息，该模块在网站首页中显示，由于关系到网站的访问量，所以界面结构设计非常重要。

（2）会员功能模块，提供会员注册、登录和修改个人信息的功能。

（3）购物车模块，为用户购买图书提供一个平台，该模块可以方便用户查看购物车信息、修改购物车和清空购物车信息。

（4）图书信息模块，详细介绍了图书的相关信息，以方便用户进行选择和购买。

（5）书籍分类搜索和在线搜索，可以方便用户有针对性地查找自己感兴趣的图书。

（6）使用指南模块，为用户提供访问该网站时的一些注意事项以及常见问题的解答。

管理端界面功能模块图如图 5-3 所示。

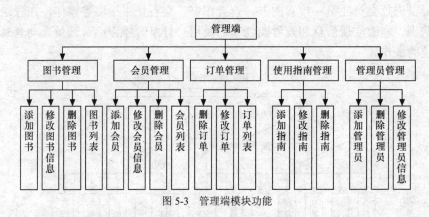

图 5-3　管理端模块功能

（1）图书管理模块，管理员通过该模块可以查看、修改、添加以及删除图书信息。

（2）会员管理模块，和图书管理模块类似，可以查看、修改、删除以及添加会员。

（3）订单管理模块，可以实现查看、修改、删除用户订单的功能。

（4）使用指南管理模块，管理员可以添加、删除、修改用户使用指南。

（5）管理员管理模块，包括添加新的管理员以及删除和修改管理员信息。

5.1.3　网上书店系统数据库设计

数据库结构设计的优劣直接影响到信息管理系统的效率和实现的效果。合理设计数据库结构可以提高数据存储的效率，保证数据的完整和统一。

通过上一节对系统功能模块的分析，设计了如下 6 个数据表：管理员信息表、会员信息表、图书信息表、订单信息表、图书分类表以及使用指南表。需要特别注意，数据表的名称以及字段名的命名不应该与 ASP 的关键字重名，否则可能会出现 SQL 语法错误。

本系统采用的数据库管理软件是 Access。首先在 Access 中创建一个新的数据库文件并命名为 bookshop.mdb，然后通过设计器创建本系统所用到的 6 个表，下面分别介绍各个表的内容。

1. 管理员信息表

管理员信息表包括管理员 id（主键）、管理员名和管理员密码，其属性如表 5-1 所示。

2. 会员信息表

会员信息表记录登录用户的详细信息，包括姓名、性别、密码、密码提示、密码答案、

E-mail 等信息，如表 5-2 所示。

表 5-1　　　　　　　　　　　　　**管理员信息表（admin）**

列　　名	数据类型	必填字段	默认值	备　　注
id	自动编号	是	无	管理员 id，主键
admin	文本	是	无	用户名
adminpassword	文本	是	无	密码

表 5-2　　　　　　　　　　　　　**会员信息表（users）**

列　　名	数据类型	必填字段	默认值	备　　注
userid	自动编号	是	无	用户 id，主键
username	文本	是	无	用户名
userpassword	文本	是	无	密码（MD5 加密）
mobile	文本	否	无	手机
userqq	文本	否	无	QQ
adddate	日期/时间	否	无	注册日期
psw_questions	文本	否	无	密码提示
psw_answers	文本	否	无	密码答案
city	文本	否	无	城市
address	文本	否	无	地址
sex	文本	否	男	性别
realname	文本	否	无	姓名
code	数字	否	无	邮编
vip	是/否	否	否	是否 VIP 用户

3. 图书信息表

该表记录图书的详细信息，包括图书编号、图书类型编号、图书介绍、图书价格等信息，如表 5-3 所示。

表 5-3　　　　　　　　　　　　　**图书信息表（product）**

列　　名	数据类型	必填字段	默认值	备　　注
id	自动编号	是	无	图书 id，主键
name	文本	是	无	书名
author	文本	否	无	作者
productdate	文本	否	无	出版日期
detail	备注	否	无	详细介绍
content	备注	否	无	目录
price1	数字	否	无	市场价
price2	数字	否	无	会员价

列　名	数据类型	必填字段	默认值	备　注
solded	数字	否	无	订购次数
discount	数字	否	无	折扣
categoryid	数字	否	无	图书类别 id
pic	文本	否	无	缩略图
adddate	日期/时间	否	无	添加日期
vipprice	数字	否	无	VIP 价格
mark	文本	否	无	出版社
type	文本	否	无	ISBN
pagenum	数字	否	无	页数
format	文本	否	无	开本
printed	数字	否	无	版次
jianjie	文本	否	无	简介

4. 订单信息表

订单信息表记录用户订单的详细信息，包括订单用户名、产品编号、产品订购数量、下单时间、送货方式等等信息，如表 5-4 所示。

表 5-4　　　　　　　　　　订单信息表（orders）

列　名	数据类型	必填字段	默认值	备　注
orderid	自动编号	是	无	订单 id，主键
username	文本	是	无	订单用户名
actiondate	日期/时间	是	无	生成日期
productid	数字	是	无	产品编号
productnum	数字	是	无	产品订购数量
recepit	文本	否	无	收货人
address	文本	否	无	收获地址
postcode	数字	否	无	邮编
comments	备注	否	无	留言
paymethord	数字	否	无	汇款方式
deliverymethord	数字	否	无	送货方式
sex	文本	否	无	性别
realname	文本	否	无	真实姓名
usermail	文本	否	无	E-mail
mobile	文本	否	无	手机
userid	数字	否	无	用户 id

5. 使用指南表

使用指南表记录了网站常见的问题，实现购物帮助的功能，如表 5-5 所示。

表 5-5 使用指南表（guide）

列　名	数据类型	必填字段	默认值	备　注
guideid	自动编号	是	无	订单 id，主键
questions	文本	是	无	常见问题
answers	备注	是	无	答案
hit	数字	是	无	点击次数

6. 图书分类表

图书分类是为了方便在首页上按类别查找图书而设计的，可以实现图书分类查找功能，如表 5-6 所示。

表 5-6 图书分类表（category）

列　名	数据类型	必填字段	默认值	备　注
categoryid	自动编号	是	无	类别 id，主键
category	文本	是	无	类别名

5.1.4　开发前的准备工作

网上书店系统规划完成后，就可以进行设置 IIS 服务器、设置站点和创建数据库连接等准备工作。

1. 设置 IIS 服务器

将 IIS 服务器主目录设置为该网站文件的根目录，如 "D:/wwwroot/myeb"，或者可以设置虚拟目录，具体方法可以参考第 3 章 3.2.3 小节和 3.2.4 小节内容完成设置。

2. 建立动态站点

开发网站之前，首先需要在 Dreamweaver 8 中新建站点，定义站点的名称为 "myeb"，站点目录指向 "D:/wwwroot/myeb"，同时，设置服务器技术为 "ASP VBscript"，具体方法可以参考第 3 章 3.2.5 节内容。

3. 创建数据库连接

在当前 "myeb" 站点中，任意新建一个 ASP VBScript 页面，然后打开应用程序面板，切换到 "数据库" 窗口，单击 " + " 按钮，打开 "自定义连接字符串" 对话框，进行如下的参数设置。

（1）定义 "链接名称" 为 "conn"。

（2）选择"使用测试服务器上的驱动程序"。

（3）在"连接字符串"文本框中输入下面语句：

"Provider=Microsoft.Jet.OLEDB.4.0;Data Source="&Server.Mappath("/database/bookshop.mdb")

5.2 会员登录注册模块

用户注册和登录是每个网站中不可缺少的功能之一。因而，将用户登录的功能整合到模板中，可以使得基于模板创建的每个页面都拥有该项功能，以方便用户登录、注册和注销。

本例是一个网上书店，涉及图书的交易，所以用户身份验证功能十分重要。根据网站需求，可以将用户登录要求设为用户浏览页面时不需要登录，甚至无需注册；用户使用购物车，添加订单时，则必须登录，并且禁止一切未登录用户提交订单。

这一部分功能将通过 7 个页面实现，包括：login.asp、loginfo.asp、register.asp、logerr.asp、userinfo.asp、registerback.asp 和 editregister.asp，后面将会详细介绍。这 7 个页面自成一个系统，能够独立工作。同时，为了方便用户随时选择登录或者注册，这里将整个用户登录注册模块嵌套在网站的模板（template. dwt.asp）中，使得无论用户访问任何页面都可以随时登录或注册。

5.2.1 会员登录系统的实现

这部分包括了 login.asp、loginfo.asp 和 logerr.asp 三个页面，分别表示用户登录页面、登录成功信息显示页面和登录失败信息显示页面，下面分别介绍。

1. 用户登录页面（login.asp）

（1）基本页面设计。

新建一个"ASP VBscript"类型的动态页，并保存文件名为"login.asp"，然后将其保存在站点根目录下面。接着，在页面中添加表单，在表单内插入 8 行2 列的表格，设置表格宽度为"215"，表格高度为"222"，并添加各个表单控件，效果如图 5-4 所示，各有关控件的设置如表 5-7 所示。

图 5-4　用户登录页面

表 5-7	登录页面中有关控件设置		
控　件	控 件 类 型	控 件 名 称	备　　注
"用户"所对应的文本框	文本框	Username	单行文本
"密码"所对应的文本框	文本框	Userpassword	类型为"密码"
"登录"按钮	提交表单按钮	Login	
"注册"按钮	"无"动作按钮	Register	

（2）添加"登录用户"服务器行为。

① 打开应用程序面板，切换到"服务器行为"窗口，单击" ＋ "按钮，添加"登录用

户"服务器行为。

② 在弹出的"登录用户"对话框中，设"使用连接验证"为"conn"，"表格"为"users"，
"用户名列"为"username"，"密码列"为
"userpassword"。

③ 设置"如果登录成功，转到"项为
"loginfo.asp"，设置"如果登录失败，转到"项
为"logerr.asp"。

④ 设置"基于以下项限制访问"为"用户
名和密码"，其他保持默认设置。

⑤ 单击"确定"按钮，完成"登录用户"
服务器行为的添加，如图 5-5 所示。

（3）添加"注册"按钮行为。

① 在"文档"编辑窗口中，选中"注册"
按钮，切换到"行为"面板，单击"➕▾"按钮，
在弹出的快捷菜单中选择"转到 URL"命令，如图 5-6（a）所示。

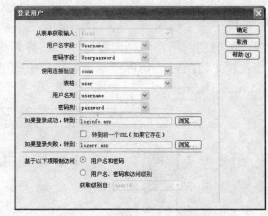

图 5-5　添加"登录用户"服务器行为

② 在弹出的"转到 URL"对话框中，设置 URL 为"register.asp"，如图 5-6（b）所示。

（a）添加"注册"按钮行为

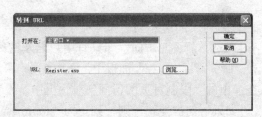

（b）设置 URL

图 5-6　添加"注册"按钮行为和设置 URL

③ 单击"确定"按钮，完成"转到 URL"的添加。

2. 登录成功信息显示页面（loginfo.asp）

本页是用户登录成功后显示用户的登录信息，并同时
提供给用户一个退出登录（注销）的入口，其制作过程
如下。

（1）基本页面设计。

新建一个"ASP VBscript"类型的动态页文件，并保存
文件名为"loginfo.asp"。接着在页面中加入需要显示的提示
信息并进行有关的样式设置，如图 5-7 所示。

图 5-7　登录成功信息显示页面

（2）添加阶段变量。

通过 Dreamweaver 8 中的"登录用户"服务器行为登录时，通常情况下，将为该用户创建一个包含其登录名的阶段变量 Session（"MM_Username"），所以用户登录后可以通过阶段变量 Session（"MM Username"）获取用户的登录名，而不用访问数据库，例如，在页面中加入用户名，先将鼠标指针移到提示信息"您好！您已经登录"之前，然后在插入栏中切换到"ASP"；单击编辑栏中的"<%="按钮，在等号之后添加代码"Session（"MM_Username"）"，如图 5-8 所示。

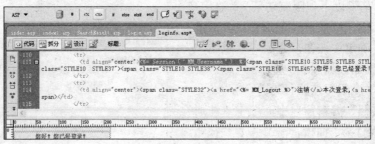

图 5-8　添加阶段变量

（3）添加"注销用户"服务器行为。

添加"注销用户"服务器行为，就是当用户登录后可以通过该链接按钮，直接返回到用户登录页面。先选择"注销"按钮，切换到"服务器行为"面板，添加"注销用户"服务器行为。在弹出的"注销用户"对话框中，设置"在完成后，转到"为"login.asp"，最后，单击"确定"按钮，如图 5-9 所示。

（4）添加"限制对页的访问"服务器行为。

图 5-9　添加"注销用户"服务器行为

添加"限制对页的访问"服务器行为，就是限制用户对当前页面访问，即只有用户名及密码验证正确才可以显示当前页面。

① 在"服务器行为"控制面板中，添加"用户身份验证"|"限制对页的访问"服务器行为。

② 在弹出的"限制对页的访问"对话框中，设置"基于以下内容进行限制"为"用户名和密码"，"如果访问被拒绝，则转到"为"login.asp"，最后，单击"确定"按钮，如图 5-10 所示。

图 5-10　添加"限制对页的访问"服务器行为

（5）添加修改个人注册信息链接。

选中页面提示信息中"修改"字样，添加链接为"editregister.asp"。

本页面中还有查看购物车以及订单的链接，这部分内容将在 5.4 节介绍购物车模块时再详细介绍。

3. 登录失败信息显示页面（logerr.asp）

本页是用户登录失败后显示用户的重新登录信息，其制作过程如下。

（1）基本页面设计。新建一个 "ASP VBscript" 类型的动态页面文件，并保存文件名为 "logerr.asp"。接着在页面中输入 "你输入的用户名或密码有错误，请重新登录！" 提示信息并进行有关的样式设置，如图 5-11 所示。

图 5-11　登录失败信息显示页面

（2）添加重新登录链接。选中页面提示信息中 "登录" 字样，添加链接为 "index.asp"，"目标" 为 "_parent"，如图 5-12 所示。

图 5-12　添加重新登录链接

4. 添加模板嵌入框架

（1）打开模板文件 "template.dwt.asp"，如图 5-13 所示，将鼠标指针移到 "用户登录" 字样下方，并将插入栏切换到 "常用" 栏，单击 "更多标签" 📝 按钮。

（2）在弹出的 "标签选择器" 对话框中，依次选择 "HTML 标签" | "页元素" | "iframe" 标签，然后，单击 "插入" 按钮，如图 5-14 所示。

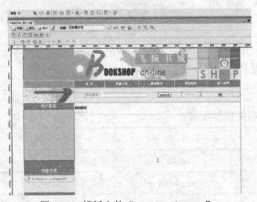

图 5-13　模板文件 "template.dwt.asp"

图 5-14　"标签选择器" 对话框

（3）在弹出的 "标签编辑器–iframe" 对话框中，设置 "源" 为 "../loginfo.asp"，即将嵌入框架的页面指向到用户登录成功信息页面。这样做的原因是因为用户登录成功信息页面中，添加了 "限制对页的访问" 服务器行为，那么用户没有登录前，页面会直接返回到用户登录页面（login.asp），也就是用户没有登录前，嵌入框架会将页面指向到用户登录页面（login.asp）。设置页面框架 "宽度" 为 215，"高度" 为 215，"边距宽度"、"边距高度" 为 0；然后设置 "对齐" 和 "滚动" 分别为 "顶端" 和 "否"；最后，取消对 "显示边框" 复选框的选择，单击 "确定" 按钮，完成嵌入框架的设置，如图 5-15 所示。

图 5-15 "标签编辑器-iframe"对话框

5.2.2 会员注册系统的实现

会员注册系统主要实现用户信息的录入。其中，在录入信息之前，为了维护数据的完整性，必须对用户所提交的表单数据进行合法性检查。这部分包含了 register.asp、registerback.asp、userinfo.asp 和 editregister.asp 共 4 个页面，分别表示注册页面、注册成功信息显示页面、用户名已存在信息显示页面和修改注册信息页面。

1. 注册页面（register.asp）

（1）基本页面设计。

由模板新建页面，并保存文件名为"Register.asp"。在"MainEdit"可编辑区域中插入表单，并设置表单名称为"Regform"。接着，在表单"Regform"中插入 19 行 2 列的表格，并进行有关样式设定，最后插入相关的表单控件，结果如图 5-16 所示。

其中，表单控件的设置见表 5-8 所示。其中"性别"所对应的下拉菜单中的选项在相应"列表值"对话框中设置，如图 5-17 所示。

图 5-16 用户注册页面

表 5-8 用户注册页面中有关控件设置

控 件	控 件 类 型	控 件 名 称	备 注
"用户"所对应的文本框	文本框	name	单行文本
"密码"所对应的文本框	文本框	password	类型为"密码"
"确认密码"所对应的文本框	文本框	password2	类型为"密码"
"E-mail"所对应的文本框	文本框	mail	单行文本
"密码问题"所对应的文本框	文本框	question	单行文本
"答案"所对应的文本框	文本框	answers	单行文本
"性别"所对应的文本框	下拉菜单	sex	列表值设置（见图 5-17）
"注册时间"所对应的文本框	文本框	time	单行文本
"提交"按钮	提交表单	Submit	
"重置"按钮	重设表单	Submit2	

（2）添加"检查表单"行为。

通过检查表单行为，可以对表单控件的输入进行简单的检查验证，如检查必填的表单控件在提交表单时是否已填写信息和是否按电子邮件地址的填写规则填写电子邮件等。

单击"提交"按钮，切换到"行为"面板，添加"检查表单"行为，如图 5-18 所示，在弹出的"检查表单"对话框中设置各表单控件的检查规则，其中"电子邮件"文本区域设置步骤如下。

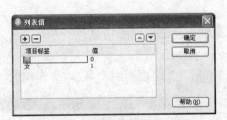

图 5-17　"性别"下拉菜单列表值

图 5-18　添加"检查表单"行为

在"命名的栏位"列表项中，选择"文本'mail'在表单'Regform'"，勾选"必需的"复选框，设置"可接受"为"电子邮件地址"（其他表单控件设置为"任何东西"），将"name"、"password"、"password2"设置为"必需的"，表单控件设置完成之后，单击"确定"按钮，如图 5-19 所示。

（3）添加"插入记录"服务器行为。

在"服务器行为"面板中添加"插入记录"服务器行为，在弹出的"插入记录"对话框中，分别设置"连接"和"插入到表格"为"conn"和"users"；设置"插入后，转到"为"userinfo.asp"；设置"获取值自"为"Regform"；"表单元素"的设置则可以从下面"列"下拉菜单中选择表格中相应的列。

设置完毕后，单击"确定"按钮，如图 5-20 所示。

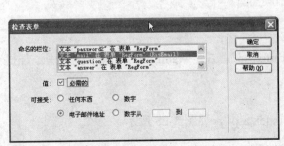

图 5-19　"检查表单"对话框

图 5-20　"插入记录"对话框

（4）添加密码比较验证的代码。

切换到"代码"视图，找到以下代码：

```
<%
' *** Insert Record: set variables
If (CStr(Request("MM_insert")) = "RegForm") Then
    MM_editConnection = MM_conn_STRING
    MM_editTable = "user"
    MM_editRedirectUrl = "userinfo.asp"
    MM_fieldsStr   =
......
%>
```

这段代码实现的功能就是插入记录的行为，在代码"If (CStr(Request("MM_insert")) = "RegForm") Then"后插入以下代码

```
if Request.form("password")<>Request.form("password2") then

Response.write"对不起，输入的密码不相符！请<a fref='register.asp'>返回！</a>"
Response.end
end if
```

这段代码表示当输入的两个密码不同时，返回重新添加注册信息。

（5）验证用户名唯一性。

在"服务器行为"面板中添加"用户身份验证"|"检查新用户名"，在弹出的"检查新用户名"对话框中，设置"用户名字段"为"name"，"如果已存在，则转到"为"registerback.asp"，如图 5-21 所示。

（6）添加"注册时间"初始值代码。

选择"注册时间"所对应的文本域，将视

图 5-21 "检查新用户名"对话框

图切换到"代码"视图，找到代码 `<input name="time" type="text" id="time" value="" style="height:15px ; width:180px />`，将光标定位在 value 后面的双引号中，然后将插入栏中切换到"ASP"，单击编辑栏中的"<%＝"按钮，在等号之后添加代码 now( )，如图 5-22 所示。

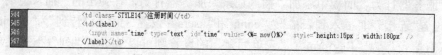

图 5-22 添加"注册时间"初始值代码

至此，注册页面（register.asp）设计完成，按 F12 键浏览该页面，如图 5-23 所示。

2. 注册成功信息显示页面（userinfo.asp）

（1）基本页面设计。

由模板新建页面，并保存文件名为"userinfo.asp"。在"MainEdit"可编辑区域中添加提示信息，如图 5-24 所示。

（2）添加链接。

选中提示信息"回首页"，添加链接为"index.asp"，如图 5-25 所示。

3. 用户名已存在信息显示页面（registerback.asp）

（1）基本页面设计。

由模板新建页面，并保存文件名为"registerback.asp"。在"MainEdit"可编辑区域中添

加提示信息，如图 5-26 所示。

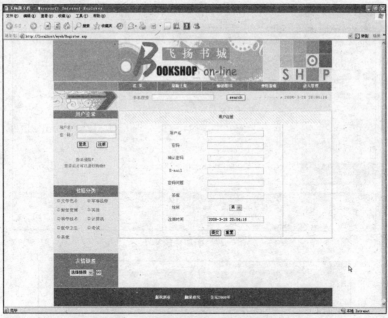

图 5-23 注册页面浏览

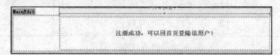

图 5-24 注册成功提示信息

图 5-25 添加链接文件

（2）添加链接。

选中提示信息"返回"，添加链接为"register.asp"，如图 5-27
所示。

图 5-26 提示信息

4. 修改注册信息页面（editregister.asp）

（1）基本页面设计。

由模板新建页面，并保存文件名为"editregister.asp"。在"MainEdit"可编辑区域中插入表单，并设置表单名称为"editRegForm"。接着，在表单"editRegForm"中插入 5 行 2 列的表格，并进行有关样式设定，最后插入相关的表单控件，效果如图 5-28 所示。

图 5-27　添加链接文件

图 5-28　修改注册信息页面

其中，表单控件的设置见表 5-9 所示。

表 5-9　　　　　　　　　**修改注册信息页面相关控件设置**

控　件	控件类型	控件名称	备　注
"用户"所对应的文本框	文本框	name	单行文本
"密码"所对应的文本框	文本框	password	类型为"密码"
"确认密码"所对应的文本框	文本框	password2	类型为"密码"
"E-mail"所对应的文本框	文本框	mail	单行文本
"提交"按钮	提交表单	Submitedit	动作为提交表单
"重置"按钮	重设表单	Submit2	

（2）添加记录集。

① 打开应用程序面板，切换到"服务器行为"面板，添加"数据集（查询）"服务器行为。

② 在弹出的"记录集"对话框中，设置"名称"为"editregister"，"连接"为"conn"，"表格"为"users"，"列"为"全部"，"筛选"为"username" | "=" | "阶段变量" | "MM_Username"，"排序"为"无"，如图 5-29 所示。

（3）绑定动态文本。

在"绑定"面板中，拖曳记录集下面的"username"、

图 5-29　添加记录集

"userpassword"、"userpassword"、"usermail"字段到表单控件"name"、"password"、"password2"、"mail"中，如图 5-30 所示。

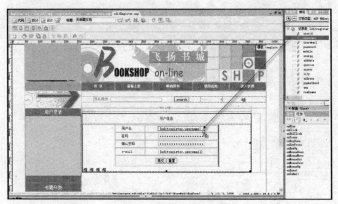

图 5-30 绑定动态文本

（4）添加"更新记录"服务器行为。

在"服务器行为"面板中添加"更新记录"服务器行为，在弹出的"更新记录"对话框中，分别设置"连接"和"插入到表格"为"conn"和"users"；设置"选取记录自"为"editregister"；设置"插入后，转到"为"edituserinfo.asp"（修改成功提示信息）；设置"获取值自"为"editRegform"；"表单元素"的设置则可以从"列"下拉菜单中选择表格中相应的列，如图 5-31 所示。

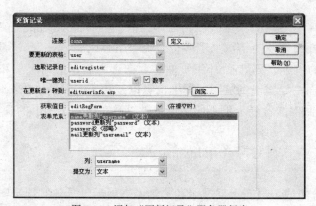

图 5-31 添加"更新记录"服务器行为

（5）添加密码比较验证的代码。

切换到"代码"视图，在代码 42 行处"If (CStr(Request("MM_update")) = "editregform" And CStr(Request("MM_recordId")) <> "") Then"后插入以下代码：

```
if Request.form("password")<>Request.form("password2") then

Response.write"对不起，输入的密码不相符！请<a href='register.asp'>返回！</a>"
Response.end
end if
```

至此，修改注册信息页面（editregister.asp）设计完成，按 F12 键浏览该页面，如图 5-32 所示。

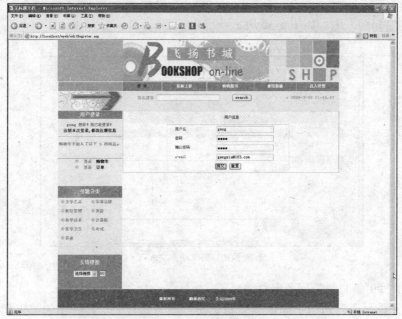

图 5-32　修改注册信息页面

5.3　网站最新书讯展示及热销图书展示模块

这部分内容包括首页"index.asp"、图书详细信息页"showdetail.asp"、最新上架更多记录页"showbynew.asp"以及热销图书更多记录页"showbysell.asp"，这是任何用户包括未登录用户都可以访问的内容。"index.asp"页面主要向读者展示最新上架和目前热销的图书；"showdetail.asp"页面主要实现浏览图书详细信息以及购买图书的操作；"showbynew.asp"和"showbysell.asp"页面向读者展示更多的图书记录以及实现购买图书的操作，下面分别介绍。

5.3.1　首页基本页面设计（index.asp）

该页面由两部分组成：最新上架展示和热销图书展示，具体实现步骤如下。

（1）由模板新建页面，并保存文件名为"index.asp"，在"MainEdit"可编辑区域中插入一个 6 行 2 列表格，设置 ID 为"tb1"。

（2）在表格"tb1"第 2 行第 1 列，输入"最新上架"字样，并设置相关样式，接着，在该表格第 2 行第 2 列 插入图像 更多 ，设置其对齐方式为"右对齐"，接着设置其属性"链接"为"showbynew.asp"。

（3）在表格"tb1"第 3 行第 1 列，插入 1 行 3 列的表格，设置 ID 为"tb2"，并设置相关属性，接着在表格"tb2"的第 1 行第 3 列再插入 6 行 1 列的表格并设置 ID 为"tb3"，在"tb3"单元格中输入文字并设计相关样式，如图 5-33 所示。

（4）热销图书展示部分的页面设计和最新上架展示部分基本相同，如图 5-33 所示，读者可以自己完成。

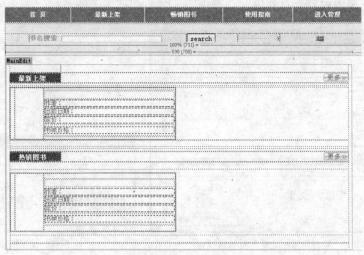

图 5-33　首页基本页面设计

5.3.2　最新上架展示的实现

1. 添加最新图书记录集

在服务器行为面板中添加记录集"NewProduct"，其中，设置"连接"和"表格"分别为"conn"和"product"；设置"列"为"全部"，"筛选"为"无"；设置"排序"为"adddate"和"降序"，即记录集按图书添加日期降序排列，如图 5-34 所示。

2. 动态绑定产品图像

（1）将鼠标指针移到表格"tb2"的第 1 行第 2 列中，然后在"常用"插入栏中单击"插入图像"，如图 5-35 所示。

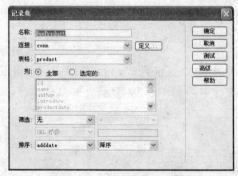

图 5-34　添加最新产品记录集

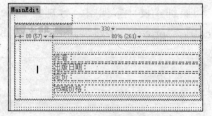

图 5-35　选择插入图像位置

（2）在弹出的"选择图像源文件"对话框中，选择"数据源"单选按钮，展开记录集"NewProduct"，然后选中"pic"字段，单击"确定"按钮，如图 5-36 所示。

（3）在弹出的"图像标签辅助功能属性"对话框中，为"替换文本"输入"产品名称"，单击"确定"按钮，如图 5-37 所示。要注意的是这里设置的图像标签为"产品名称"，只是临时设置，接下来的内容会对其进行动态绑定，显示相应图书的名称。

图 5-36 "选择图像源文件"对话框   图 5-37 设置图像标签

3. 动态绑定图像标签

选择刚插入的动态图像，切换到"代码"视图，找到该图像源代码，然后将"产品名称"选中，接着在"绑定"面板中，拖曳记录集"NewProduct"中的"name"字段，替换"产品名称"，如图 5-38 所示。

图 5-38 动态绑定图像标签

4. 动态绑定其他动态文本

切换到"设计"视图，分别将"NewProduct"中的"name"、"author"、"productdate"、"price1"、"price2"字段绑定到表格"tb3"的相应行中，如图 5-39 所示。

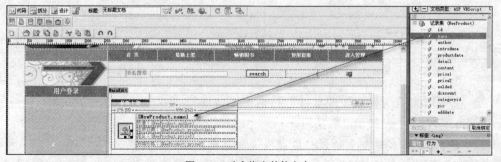

图 5-39 动态绑定其他文本

5. 添加重复区域

（1）选中表格"tb2"，在"服务器行为"面板中添加"重复区域"服务器行为。

（2）在弹出的"重复区域"对话框中，设计"记录集"为"NewProduct"，并显示"4"条记录，单击"确定"按钮，如图 5-40 所示。

（3）切换到"代码"视图，在刚才添加的"添加重复区域"代码中，找到如下代码

```
<%
Repeat1__index=Repeat1__index+1
Repeat1__numRows=Repeat1__numRows-1
NewProduct.MoveNext()
Wend
%>
```

（4）在"<%"之后插入如下代码，该代码段表示每行显示两条记录，如图 5-41 所示。

```
Repeat1_numTd=Repeat1_numTd+1
If Repeat1_numTd mod 2 = 0 Then
Response.Write("</tr><tr>")
End If
```

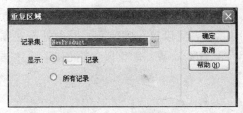

图 5-40　添加重复区域

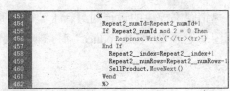

图 5-41　"代码"视图

6. 添加产品图像链接

添加图像链接可以使用户浏览"index.asp"页面时可以通过该链接转到"showdetail.asp"页面，可以实现浏览图书详细信息以及购买图书的操作。

（1）切换到"设计"视图，选中产品图片，在"属性"面板中添加图片链接，单击"链接"后面的"浏览"按钮，如图 5-42 所示。

图 5-42　添加产品图像链接

（2）在弹出的"选择文件"对话框中，选择文件"showdetail.asp"，接着单击"URL 参数"按钮 参数… ，在弹出的"参数"对话框中，设置"名称"为"Pro_id"，然后单击"值"后面的按钮 ，如图 5-43 所示。

（3）在弹出的"动态数据"对话框中，选中"NewProduct"中的"id"字段，如图 5-44 所示。

设置完成后关闭对话框，这时，在"属性"面板中"链接"后面的文本框中就出现了如下代码 showdetail.asp?Pro_id=<%=(NewProduct.Fields.Item("id").Value)%>。

图 5-43 "选择文件"和"参数"对话框　　　　　　图 5-44 "动态数据"对话框

5.3.3 热销图书展示的实现

热销图书模块的设计同最新上架模块基本相同，读者可以自己完成，不同之处是在添加热销图书记录集"sellproduct"时，记录集是按照产品订购次数，即字段"solded"降序排列的，如图 5-45 所示。

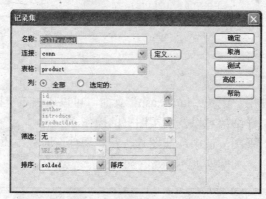

图 5-45 添加热销图书记录集

5.3.4 图书详细信息页面设计（showdetail.asp）

1. 基本页面设计

（1）由模板新建页面，并保存文件名为"showdetail.asp"，在"MainEdit"可编辑区域中插入一个 5 行 2 列表格并进行相关的属性设计，设置其 ID 为"tb1"。

（2）选中表格前 4 行第 1 列，合并单元格，在这里将动态绑定产品图像。

（3）选中表格第 5 行合并单元格，并在该行中插入 1 行 1 列表格，设置 ID 为"tb2"。

（4）在表格第 4 行第 2 列添加购物车图片和输入"放入购物车"字样，如图 5-46 所示。

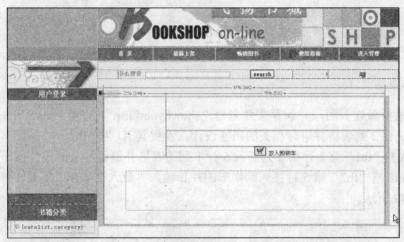

图 5-46 基本页面设计

2. 添加记录集

在服务器行为面板中添加记录集"detail"，其中，设置"连接"和"表格"分别为"conn"和"product"；设置"列"为"全部"，"筛选"为"id"|"="|"URL 参数"|"Pro_id"；设置"排序"为"无"，即记录集筛选条件为"id"取上一页面传递的参数"Pro_id"的值，如图 5-47 所示。

3. 绑定有关动态数据及图书图像

（1）动态绑定图书图像，可以参照 5.3.2 节内容进行操作。

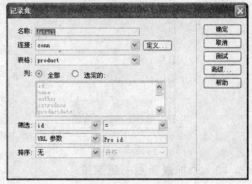

图 5-47 添加记录集

（2）动态绑定数据，分别将"detail"记录中的"name"、"author"、"mark"、"detail"字段绑定到表格"tb1"的相应行中，如图 5-48 所示。

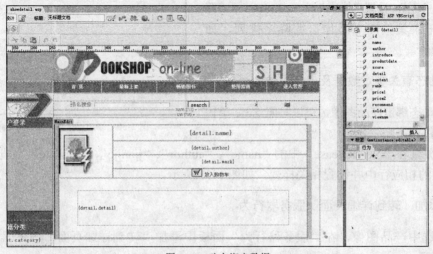

图 5-48 动态绑定数据

5.3.5 最新上架更多记录页（showbynew.asp）

1. 基本页面设计

（1）由模板新建页面，并保存文件名为"showbynew.asp"，在"MainEdit"可编辑区域中插入一个 3 行 2 列表格并进行相关的属性设计，设置其 ID 为"tb1"。

（2）在表格"tb1"第 2 行第 2 列插入 5 行 1 列的表格并进行相关的属性设计，设置其 ID 为"tb2"，在表格"tb2"第 5 行插入购物车图片和输入"放入购物车"字样，并设置为右对齐，如图 5-49 所示。

图 5-49　基本页面设计

2. 添加最新图书记录集

在 服 务 器 行 为 面 板 中 添 加 记 录 集 "NewRelease"，其中，设置"连接"和"表格"分别为"conn"和"product"；设置"列"为"全部"，"筛选"为"无"；设置"排序"为"adddate"|"降序"，即记录集按图书添加日期降序排列，如图 5-50 所示。

3. 动态有关绑定数据及产品图像

（1）动态绑定产品图像，可以参照 5.3.2 节内容进行操作。

图 5-50　添加记录集"NewRelease"

（2）分别将"NewRelease"中的"name"、"author"、"jianjie"、"adddate"字段绑定到表格"tb2"的相应行中并设置相关样式，如图 5-51 所示。

4. 添加"转到详细页面"服务器行为

（1）选中产品图像，在"服务器行为"面板中添加"转到详细页面"服务器行为，如图 5-52 所示。

图 5-51　动态绑定数据

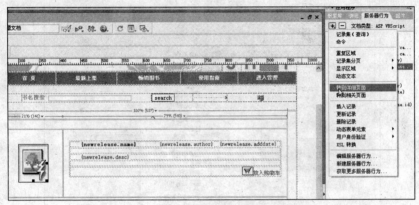

图 5-52　添加"转到详细页面"服务器行为

（2）在弹出的"转到详细页面"对话框中，设置"详细信息页"为"showdetail.asp"，设置"传递 URL 参数"为"Pro_id"，"记录集"为"NewRelease"，"列"为"id"，如图 5-53 所示，单击"确定"按钮，关闭对话框。

5．添加"重复区域"服务器行为

（1）选中表格"tb1"第 2 行，在"服务器行为"面板中添加"重复区域"服务器行为。

（2）在弹出的"重复区域"对话框中，设置"记录集"为"NewRelease"，并显示"5"条记录，如图 5-54 所示，最后单击"确定"按钮，完成"重复区域"的添加。

图 5-53　"转到详细页面"对话框

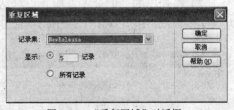

图 5-54　"重复区域"对话框

6．插入"记录集导航状态"

（1）将鼠标指针定位于表格"tb1"第 1 行内，然后选择菜单"插入"|"应用程序对象"|

"显示记录计数" | "记录集导航状态" 命令，如图 5-55 所示。

图 5-55　"记录集导航状态"命令

（2）在弹出的"Recordset Navigation Status"对话框中设置"Recordset"为"NewRelease"。单击"确定"按钮关闭对话框，如图 5-56 所示。

（3）设置" 记录 {newrelease_first} 到 {newrelease_last} (总共 {newrelease_total} "样式并在其后添加文字"条记录"，使其显示更加完整。

7．插入"记录集导航条"

（1）将鼠标指针定位于表格"tb1"第 3 行内，然后选择菜单"插入" | "应用程序对象" | "记录集分页" | "记录集导航条"命令。

（2）在弹出的"记录集导航条"对话框中，设置"记录集"为 NewRelease"，"显示方式"为"文本"，如图 5-57 所示，单击"确定"按钮关闭对话框。

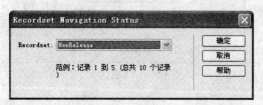

图 5-56　"Recordset Navigation Status"对话框

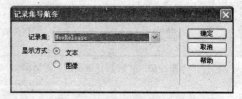

图 5-57　插入"记录集导航条"

至此，整个页面设计完成，按 F12 键浏览该页面，如图 5-58 所示。

图 5-58　"showbynew.asp"页面

5.3.6　热销图书更多记录页（showbysell.asp）

热销图书更多记录页（showbynew.asp）的设计同"showbynew.asp"页基本相同，读者可以自己完成，不同之处是在添加记录集"sellproduct"时，记录集是按照产品订购次数，即字段"solded"降序排列的，如图 5-59 所示。

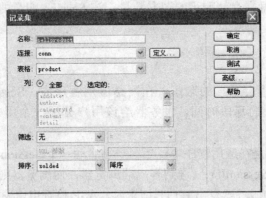

图 5-59　添加记录集"sellproduct"

5.4　购物车模块的实现

购物车模块是网上书店系统必须具备的功能，当用户在浏览网站时，可以选择感兴趣的图书，然后将其添加到购物车中。如果确定购买的话，就可以提交订单到服务器实现购买的操作。本节将主要介绍这方面的内容。

5.4.1　购物车实现的思路及相关知识

在模块设计之前，首先介绍购物实现的基本知识及实现的思路。

1．购物车实现的基本思想

购物车的实现与 Session 变量紧密相关，所以要灵活运用 Session 变量。

首先，要理解购物车的基本存储形式。当用户第一次选择图书并将其添加到购物车中的时候，图书的"id"将存储到 Session 变量中；如果用户继续选择商品添加到购物车中，则将"，"和图书的"id"添加到 Session 变量中。那么，添加到购物车中的图书，即 Session 变量中的购物车的基本存储形式应为"图书 id1，图书 id2，图书 id3，……"。

减少购物车中图书，其实也是从购物车的基本存储形式中删除要减少图书的"id"就可以了，其实现过程如下。

（1）检查购物车中是否仅存储该图书，如果是则直接清空购物车（购物车的基本存储形式）。

（2）如果购物车中不仅存储一本图书，并且被删除的图书是用户第一个添加到购物车中的，那么在购物车的基本存储形式中，清除第一个图书的"id"及后面的"，"，即清除"图书 id，"。

（3）如果购物车中不仅存储一本图书，并且删除的图书不是用户第一个添加到购物车中的，那么在购物车的基本存储形式中，清除该图书的"id"及前面的"，"，即清除"，图书id"。

购物车的实现思路已基本清楚了，但为了在购物车中可以编辑购买图书的数量，还要再定义一个 Session 变量来存储购买的图书数量，该 Session 变量的名称为要购买图书的图书"id"。

2．什么是 Session

Session 直译就是"会话"的意思。在网络应用程序中，Session 是指用户在浏览某个特定主页到离开为止的那段时间，服务器给该用户分配一个用来储存信息的全局变量的集合。

Session 工作原理就是在应用程序中，当客户端启动一个 Session 时，ASP 会自动生成一个 SessionID，并将该 SessionID 回送到客户端浏览器，而浏览器则将该 SessionID 保存在 Cookies 中，当客户端向服务器发出 HTTP 请求时，ASP 检查申请表头的该 SessionID，并回应相应 SessionID 的 Session 信息。

Session 可以用来储存访问者的一些特定信息，例如，访问者的姓名、性别、所用浏览器类型、显示器的分辨率以及访问停留时间等。但要特别注意，用户在网络应用程序中访问同一页面时，Session 变量长期存在，当用户在应用程序的页面之间跳转时，Session 变量的存储信息也不会清除，默认情况下 Session 变量的有效期为 20min。

由于 Session 具有以上这些特性，因此有的人将它称之为"虚拟购物车"。利用 Session 这些特性，可以更加方便地控制服务器端程序的执行，实现许多实际应用中的特殊功能。

5.4.2　添加购物车的实现页面（cart.asp）

购物车的实现需要添加代码，所以要新建一个 ASP 页面，用来编写购物车实现程序，命名该文件为"cart.asp"，然后将其保存到站点根目录下面。

1.　限制页面访问的设置

用户要进行购物，首先就要注册成为站点的会员，并且登录正确后才可以进行购物活动，从而将商品添加到购物车中。因此，这里首先要添加"限制对页的访问"服务器行为，限制只有登录用户才可以将商品添加到购物车中，具体操作步骤如下。

（1）打开"cart.asp"页，在"服务器行为"面板中添加"限制对页的访问"服务器行为。

（2）在弹出的"限制对页面的访问"对话框中，设置"基于以下内容进行限制"为"用户名和密码"，设置"如果访问被拒绝，则转到"为"logerr.asp"，提示用户如果购物必须先登录，如图 5-60 所示，单击"确定"按钮，完成对限制页面访问服务器行为的设置。

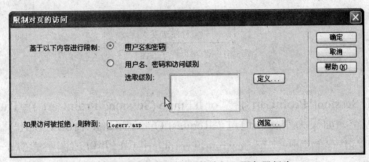

图 5-60　添加"限制对页的访问"服务器行为

2.　添加购物车程序

（1）基本思路及程序流程。

在本系统中，以 Session("ProInCart") 作为存储购物车的基本形式，其中，以"ProID_Cart"作为 URL 参数，用于传递要添加到购物车中的图书"id"；Session(Request.QueryString("ProID_Cart")) 则表示存储添加到购物车中图书的购买数量。

添加购物车程序的流程图如图 5-61 所示。

（2）添加代码及代码说明。

打开"cart.asp"页，切换到"代码"视图，在"限制对页访问"代码后插入以下代码

```
<% If Session("ProInCart")="" or IsEmpty(Session("ProInCart"))=True Then
    Session("ProInCart")=Request.QueryString("ProID_Cart")
    Session(Request.QueryString("ProID_Cart"))=1
    Else If
      Instr(Session("ProInCart"),Request.QueryString("ProID_Cart")) <> 0 and Session(Request.Query
String("ProID_Cart"))>0 Then
       Session(Request.QueryString("ProID_Cart"))=Session(Request.QueryString("ProID_Cart"))+1
    Else
    Session("ProInCart")=Session("ProInCart")+","+Request.QueryString("ProID_Cart")
    Session(Request.QueryString("ProID_Cart"))=1
```

```
    End If
    End If
Response.Redirect(request.servervariables("HTTP_REFERER"))
%>
```

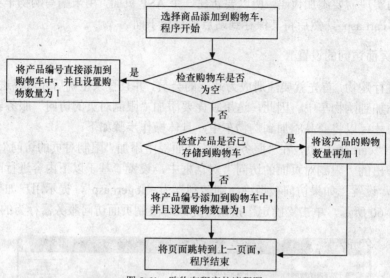

图 5-61   购物车程序的流程图

代码说明如下。

① 代码"If Session("ProInCart")="" or IsEmpty(Session("ProInCart"))=True"用来判断当前购物车是否为空，如果为空，则通过"Request.QueryString("ProID_Cart")"获取上一页面传递过来的图书"id"存储到购物车 Session("ProInCart")中，并以该图书建立一个新的 Session 变量"Session(Request.QueryString("ProID_Cart"))"用于存储图书购买数量，设置其初始值为"1"。

② 如果购物车非空，则通过"Instr(Session("ProInCart"),Request.QueryString("ProID_Cart")) <> 0 and Session(Request.QueryString("ProID_Cart"))>0"判断该图书是否已存到购物车中，如果是，则通过语句"Session(Request.QueryString("ProID_Cart"))=Session(Request.QueryString ("ProID_Cart"))+1"实现将该图书购买数量加 1；如果不是，则将"，"和图书"id"添加到购物车中，并且设置购买数量为"1"。

③ 最后，通过语句"Response.Redirect (request.servervariables("HTTP_REFERER")"获取上一页面的地址，并将页面重新导向它。

（3）添加"放入购物车"链接。

① 打开图书详细信息页面设计（showdetail.asp），选中"放入购物车"字样，在下面"属性"面板中添加图片链接，单击"链接"后面的浏览按钮。

② 在弹出的"选择文件"对话框中，选择文件"cart.asp"，接着单击"URL 参数"按钮 参数... ，在弹出的"参数"对话框中，设置"名称"为"ProID_Cart"，然后单击"值"后面的按钮 ，如图 5-62 所示。

③ 在弹出的"动态数据"对话框中，选中"detail"中的"id"字段，如图 5-63 所示。

单击"确定"按钮，完成添加链接，这样，当浏览该页面时，就可以通过该链接转到购物车页面，并且将该图书的"id"作为参数传递给下一页面。

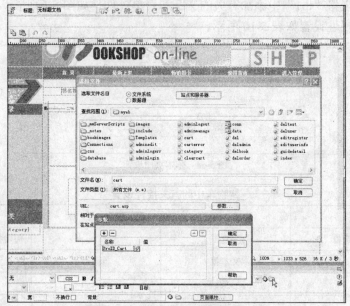

图 5-62 "选择文件"和"参数"对话框

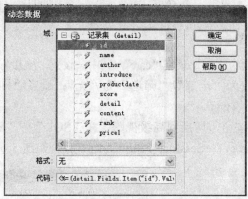

图 5-63 "动态数据"对话框

5.4.3 购物车显示页面（showcart.asp）

在购物车显示页面，用户可以编辑购物车、清空购物车以及最后将购物车中的商品添加到订单中。

1. 基本页面设计

（1）由站点模板新建页面，并保存文件名为"showcart.asp"，在"MainEdit"可编辑区域中插入一个"表单"，并设置表单名称为"cartform"。选择菜单"插入"｜"表单"｜"隐藏域"命令，插入一个隐藏域，设置其名称为"refreshed"，"值"为"True"。

这里插入一个隐藏域的目的是为了通过 Request.Form("refreshed") 来判断用户购物车显示页面"showcart.asp"的打开和刷新是否通过提交表单来实现，防止用户异常操作。

（2）在表单"cartform"中插入一个 5 行 5 列的表格，设置其 ID 为"tb1"，并进行有关的样式设置，在表格"tb1"中添加有关的文字和表单控件，如图 5-64 所示。

有关控件的属性设置如表 5-10 所示。

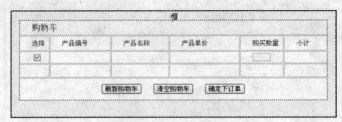

图 5-64　基本页面设计

表 5-10　　　　　　　　　　　购物车中的有关控件设置

控　　件	控件类型	控件名称	备　　注
"选择"所对应的复选框	复选框	cartcheck	初始状态"已勾选"
"购买数量"所对应的文本框	文本框	默认	字符宽度为"5"
"刷新购物车"按钮	提交表单	refresh	
"清空购物车"按钮	"无"动作	clear	
"确定下订单"按钮	"无"动作	confirm	

2．添加购物车记录集

（1）在服务器行为面板中添加记录集"cart"，其中，设置"连接"和"表格"分别为"conn"和"product"；设置"列"为"全部"，"筛选"为"无"；设置"排序"为"无"，如图 5-65 所示。

（2）单击"高级…"按钮，切换到高级视图，在"SQL"中"SELECT * FROM product"之后插入代码"WHERE id in ("+Session("ProInCart")+")"，如图 5-66 所示。

图 5-65　添加记录集"cart"

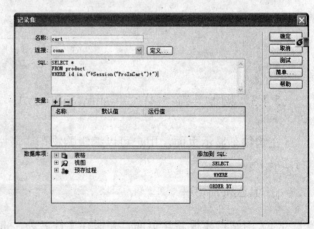

图 5-66　记录集"cart"高级视图

3．绑定动态数据

（1）在"绑定"面板中，将记录集"cart"下面的字段"id"、"name"、"price2"绑定到表格"tb1"的相应行中，如图 5-67 所示。

图 5-67　绑定动态数据

（2）绑定复选框"cartcheck"。

切换到"代码"视图，找到复选框"cartcheck"的源代码，在"绑定"面板中，用"cart"下面的"id"字段，替换"value="checkbox""中的""checkbox""，如图 5-68 所示。

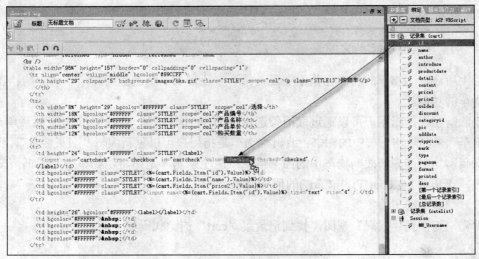

图 5-68　绑定复选框"cartcheck"

（3）绑定"订购数量"所对应的文本框。

选中"购买数量"所对应的文本框，切换到"代码"视图，在"绑定"面板中，用"cart"下面的"id"字段，替换"name="text""中的""text""，并在源代码中添加"value=<%=Session(cart.Fields.Item("id").Value)%>"。

添加完成后，该文本框的源代码如下所示。

<input　name=<%=(cart.Fields.Item("id").Value)%>　type="text"　value=<%=Session(cart.Fields.Item("id").Value)%> size="5" /></td>

（4）绑定"小计"动态数据。

由于"小计=购买数量*单价"，所以首先将"绑定"面板中记录集"cart"下面的"price2"字段绑定到"小计"所对应的表格中，然后切换到"代码"视图，找到已绑定的数据代码如下。

<%=(cart.Fields.Item("price2").Value) %>

将其改为"<%=(cart.Fields.Item("price2").Value)*Session(cart.Fields.Item("id").Value)%>"。

（5）添加"重复区域"服务器行为。

在标签选择器中选中表格"tb1"第三行所对应的<tr>标签，如图 5-69 所示，在"服务器行为"面板添加"重复区域"服务器行为。在弹出的"重复区域"对话框中，设置"记录集"为"cart"，"显示"为"所有记录"，如图 5-70 所示，单击"确定"按钮，完成添加。

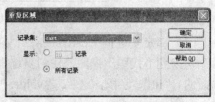

图 5-69　选中表格　　　　　　　　　图 5-70　添加"重复区域"服务器行为

4. 购物车其他功能实现

综上所述，购物车的功能已基本实现，接下来还需要添加删除购物车、清空购物车和编辑购物车的功能。

删除购物车是指用户可以通过取消勾选本页面中"选择"所对应的复选框，然后单击"刷新购物车"来删除购物车中的图书；编辑购物车是指用户可以重新编辑"购买数量"，然后单击"刷新购物车"来修改购物车中的图书信息；清空购物车是指将购物车中的图书清空，它的实现原理是将 Session("ProInCart")的值置为空。

（1）删除购物车的实现。

首先，切换到"代码"视图，找到记录集"cart"的源代码如下。

```
<%
Dim cart
Dim cart_numRows
Set cart = Server.CreateObject("ADODB.Recordset")
cart.ActiveConnection = MM_conn_STRING
cart.Source = "SELECT * FROM product WHERE id in ("+Session("ProInCart")+")"
cart.CursorType = 0
cart.CursorLocation = 2
cart.LockType = 1
cart.Open()
cart_numRows = 0
%>
```

在代码"Dim cart_numRows"之后添加如下代码。

```
If Request.Form("refreshed")="TRUE" Then
    Session("ProInCart")=Request.Form("cartcheck")
End If
```

代码说明具体如下。

① 该代码段是重新定义购物车的基本存储形式。当提交表单值 Request.Form("refreshed")为"TRUE"时，即页面是通过单击"刷新购物车"按钮提交表单，那么重新定义购物车 Session("ProInCart")为 Request.Form("cartcheck")。

② 由于复选框"cartcheck"已经和所选图书"id"进行了绑定，所以多个复选框选中时，

可以将已勾选图书的图书"id"以","符号隔开，并存储到复选框变量"cartcheck"中。那么提交表单后，就可以将复选框变量"cartcheck"的值通过 Request.Form("cartcheck")语句存储到 Session("ProInCart")中，从而达到重新定义购物车的基本存储形式的目的。

接下来，回到刚才的记录集"cart"的源代码中，将代码"cart.Source = "SELECT * FROM product WHERE id in ("+Session("ProInCart")+")""修改为

```
If Session("ProInCart")<>"" AND IsEmpty(Session("ProInCart"))=FALSE Then
  cart.Source = "SELECT * FROM product WHERE id in ("+Session("ProInCart")+")"
Else
cart.Source = "SELECT * FROM product WHERE id=0"
End If
```

这是因为当用户取消购物车中所有商品的勾选时，这时程序执行到代码"cart.Source = "SELECT * FROM product WHERE id in ("+Session("ProInCart")+")""时会发生错误，所以要对记录集"cart"再进行修改。

最后，修改后的记录集"cart"的源代码如图 5-71 所示。

（2）编辑购物车的实现。

在"代码"视图中找到"重复区域"源代码，将代码"<% While ((Repeat1__numRows <> 0) AND (NOT cart.EOF)) %>"修改为如下代码：

```
<%
While ((Repeat1__numRows <> 0) AND (NOT cart.EOF))
    If Request.Form("refreshed")="TRUE" Then
    Session((cart.Fields.Item("id").Value))=Request.Form(Trim(cart.Fields.Item("id").Value))
    End If
%>
```

该代码段表示重新定义购物车中图书的购买数量。当提交表单值 Request.Form ("refreshed")为"TRUE"时，即页面是通过单击"刷新购物车"按钮提交表单的，那么这时在重复区域中循环实现通过"Session((cart.Fields.Item("id").Value))"找到当前记录中相应的购买数量并将其重新定义为提交表单"Request.Form(Trim(cart.Fields.Item("id").Value))"的值。

（3）清空购物车的实现。

在"设计"视图中，单击"清空购物车"按钮，然后在"行为"面板中添加"转到 URL"行为，在弹出的"转到 URL"对话框中，设置"URL"为"clearcart.asp"，如图 5-72 所示，最后单击"确定"按钮完成该行为的添加。

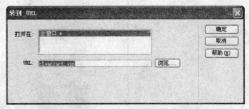

图 5-71　修改后的记录集"cart"的源代码　　　　图 5-72　"转到 URL"对话框

新建一个"ASP VBscript"类型的动态页面文件，并命名为"clearcart.asp"，然后将其保

存到站点根目录下面，切换到"代码"视图，清除所有代码，并输入如下代码。

```
<%
Session("ProInCart")=""
response.Redirect("showcart.asp")
%>
```

5. 在用户登录成功信息页面中添加查看购物车信息

首先，打开用户登录成功信息页面"loginfo.asp"，选中文字"购物车中加入了以下几种商品："中"几"字，切换到代码视图，输入以下代码。

```
<%
If Session("ProInCart")<>"" And IsEmpty(Session("ProInCart"))=False    Then
        Dim list
        list = split(Session("ProInCart"),",")
        cartcount=Ubound(list)+1
        Response.Write(cartcount)
Else
        Response.Write(0)
End If
%>
```

该代码段表示内容如下。

① 如果购物车不为空，那么通过代码"split(Session("ProInCart"),",")"将购物车中图书"id"以","为间隔分离出来，并存储到 list 数组中，cartcount 表示数组元素个数，即购物车中共有多少种图书，最后输出图书种类数。

② 如果购物车为空，则输出"0"。

接着，切换到"设计"视图，选中"购物车"文字，为其创建超级链接为"showcart.asp"，目标为"_parent"。

最后，将鼠标指针移到文字"购物车中加入了以下几种商品："之后，切换到"代码"视图，插入代码"<%= Session("ProInCart") %>"。

以上设置完成后，就可以进行页面测试了。浏览"index.asp"页面，并在购物车中添加图书，然后单击"查看购物车"，如图 5-73 所示。

图 5-73　浏览购物车显示页面

5.4.4　生成订单程序页面（order.asp）

该页面完成生成订单程序代码的添加。当购物车确定以后，系统会将购物车中的图书生成订单，并最后将订单显示出来，提供给用户完成网上交易。

1．制作订单数据表

前面已经介绍过了图书订单信息表 orders，如表 5-4 所示，但该表没有包含订购图书的一些基础信息，如图书单价、小计金额等。所以，可以通过订单信息表 orders 和图书信息表 product 的连接，来获取一些基本的图书信息。

（1）运行 Microsof Access 2003，打开数据库文件"BookShop.mdb"，选择"查询"对象，然后在窗口左侧选中"在设计视图中创建查询"，如图 5-74 所示。

（2）在弹出的"显示表"对话框中，分别选择"orders"和"product"数据表，并单击"添加"按钮分别添加，如图 5-75 所示。

图 5-74　创建查询

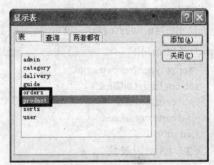

图 5-75　"显示表"对话框

（3）在"选择查询"窗口中，拖曳表 product 中的"id"字段到表 orders 的"productid"字段中，如图 5-76 所示，从而将两个数据表建立连接，最后设置表及显示字段，如图 5-77 所示。

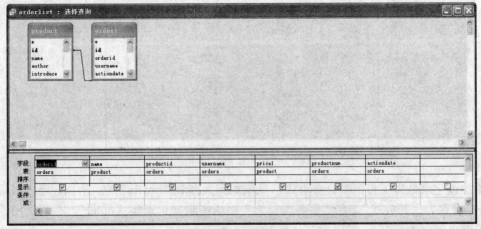

图 5-76　"选择查询"窗口

字段	orderid	name	productid	username	price1	productnum	actiondate		
表	orders	product	orders	orders	product	orders	orders		
排序									
显示	☑	☑	☑	☑	☑	☑	☑	☐	
条件									
或									

图 5-77　设置表及显示字段

（4）插入"小计"字段。

选择菜单"视图"|"SQL 视图"命令，在 SQL 代码"orders.actiondate"之前插入"orders.productnum*product.price1 AS [sum] ,"。

（5）将该查询保存为"orderlist"。

2. 制作生成订单程序页面（order.asp）

（1）在前面购物车显示页面"showcart.asp"设计中，表单"cartform"是由"刷新购物车"按钮提交的，但是生成订单需要通过"确定下订单"按钮来提交表单，而且提交表单页面是另外一个页面，所以必须在该页面中设计"确定下订单"按钮的"OnClick"事件，该事件发生后，系统会执行一个"confirm_OnClick"过程，此过程重新定义"cartform"的提交表单页面为"order.asp"，并提交表单，具体实现方法如下。

打开"showcart.asp"页面，切换到"代码"视图，找到代码"<!-- InstanceBeginEditable name="MainEdit" -->"，并在其后添加如下代码。

```
<script type="text/vbscript">
sub confirm_OnClick
    cartform.action="order.asp"
    cartform.submit
End sub
```

（2）添加记录集。

新建一个"ASP VBscript"类型的动态页面文件，并命名为"order.asp"，在服务器行为面板中添加记录集"order"，记录集有关设置如图 5-78 所示。

图 5-78　添加记录集"order"

添加该记录是为了将图书订单有关信息添加到数据表"orders"中，所以，还应将记录集"order"设置为"开放式"。在"服务器行为"面板中选择记录集"order"，在其"属性"面板中设置"锁定类型"为"开放式"，如图 5-79 所示。

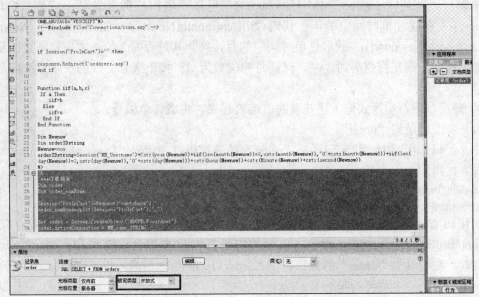

图 5-79 将记录集"order"设置为"开放式"

（3）生成订单编号。

在代码"<!--#include file="Connections/conn.asp" -->"之后插入以下代码。

```
<%
if Session("ProInCart")="" then
    response.Redirect("ordererr.asp")
end if
Function iif(a,b,c)
  If a Then
      iif=b
  Else
      iif=c
    End If
End Function
Dim Newnow
Dim orderIDstring
Newnow=now
orderIDstring=Session("MM_Username")+Cstr(year(Newnow))+iif(len(month(Newnow))=2,cstr(month(Newnow)),
"0"+cstr(month(Newnow)))+iif(len(day(Newnow))=2,cstr(day(Newnow)),"0"+cstr(day(Newnow)))+cstr(hour(Newnow))+cstr(Minute(Newnow))+cstr(second(Newnow))
%>
```

代码说明具体如下。

① 代码"if Session("ProInCart")="" then   response.Redirect("ordererr.asp")   end if"表示如果购物车为空，则转到"ordererr.asp"页面，该页面有提示信息"您的购物车中没有书籍，请返回添加购物车！"

② 接下来定义 iif 函数，该函数表示当第一个参数为真时，则函数返回"b"参数，否则函数返回"c"参数。iif 函数之后的代码实现生成订单编号的功能。订单编号是由用户名、年、月、日、时、分、秒组成。

③ 代码中定义"Newnow"和"orderIDstring"两个变量，分别存储当前下订单的时间

和订单编号。代码"Session("MM_Username")"可以获取用户的登录名；代码"Cstr(year(Newnow))"获取订单时间中的年；代码"iif(len(month(Newnow))=2,cstr(month (Newnow)),"0"+cstr(month(Newnow)))"获取订单时间中的月，判断其是否为 2 位，如果是则直接获取月数，如果不是，则在月数前加"0"，保证月的位数为 2；接下来分、秒的获取方法同月基本相同。

④ 最后以字符串形式把上述获取的值连接起来，生成订单编号。

（4）修改记录集"order"。

在"代码"视图中，找到记录集"order"的源代码，在代码"Dim order_numRows 之后插入以下代码。

```
Session("ProInCart")=Request("cartcheck")
order_numRows=split(Session("ProInCart"),",")
```

该代码首先通过"Request("cartcheck")"提交表单值，刷新购物车的基本存储形式"Session("ProInCart")"，接着，通过 split 函数将图书"id"复制到数组"order_numRows"中。

接着，在记录集"order"的源代码中"order.Open()"之后插入以下代码。

```
For i=0 to UBound(order_numRows)
order.addnew
order.Fields("orderid")=orderIDstring
order.Fields("productid")=CInt(Trim(order_numrows(i)))
order.Fields("username")=Session("MM_Username")
order.Fields("productnum")=Session(CInt(Trim(order_numrows(i))))
order.Fields("actiondate")=Newnow
order.update
Next
Session.Contents.Remove("ProInCart")
Response.Redirect("showorder.asp?orderid="+orderIDstring)
```

该代码主要是将购物车中的商品逐一添加到订单数据表"orders"中，接着通过代码"Session.Contents.Remove("ProInCart")"把购物车商品清空，最后将页面指向订单显示页面"showorder.asp"，并把订单编号作为参数传递下一页面。

5.4.5 订单显示页面（showorder.asp）

1. 基本页面设计

（1）由站点模板新建页面，并保存文件名为"showorder.asp"，在"MainEdit"可编辑区域中插入一个"表单"，并设置表单名称为"orderform"。

（2）在表单中插入 4 行 5 列的表格，在表格中添加有关表单控件，并设置相关样式，如图 5-80 所示，其中，各表单控件的相关设置见表 5-11。

2. 添加记录集

（1）在"服务器行为"面板中添加记录集"productorder"，在弹出的"记录集"对话框中，设置"名称"为"productorder"，"连接"为"conn"，"表格"为"orderlist"，"列"为"全部"，"筛选"为"orderid"|"="|"URL 参数"|"orderid"，"排序"为"无"，如图 5-81 所示。

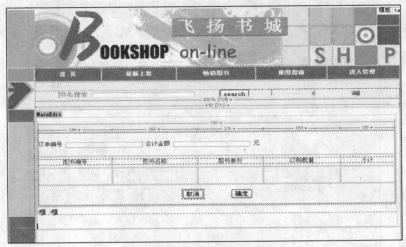

图 5-80　订单显示页面基本设计

表 5-11　　　　　　　　　　　　　　订单显示页面中各表单控件

控　件	控件类型	控件名称	备　注
"订单编号"所对应的文本框	文本框	orderid	单行、只读
"合计金额"所对应的文本框	文本框	sum	单行、只读
"确定"按钮	"提交表单"动作	refurbish	
"取消"按钮	"无"动作	orderconfirm	

（2）在"服务器行为"面板中添加另一个记录集"productsum"，在弹出的"记录集"对话框中，设置"名称"为"productsum"，"连接"为"conn"，"表格"为"orderlist"，"列"为"选定的"|"sum"，"筛选"为"orderid"|"="|"URL 参数"|"orderid"，"排序"为"无"，如图 5-82 所示。单击"高级"按钮，切换到高级"记录集"对话框，在"SQL"文本中将"sum"修改为"sum(sum)"，如图 5-83 所示，单击"确定"按钮，完成记录集的添加。

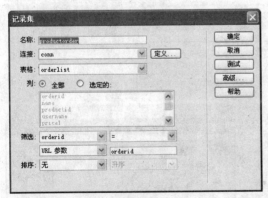

图 5-81　添加记录集"productorder"

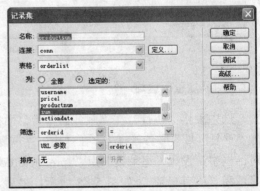

图 5-82　简单"记录集"对话框

3．绑定动态数据

（1）分别将"productorder"中的"orderid"绑定到"订单编号"所对应的文本框，"productsum"中的"Expr1000"绑定到"合计金额"所对应的文本框。

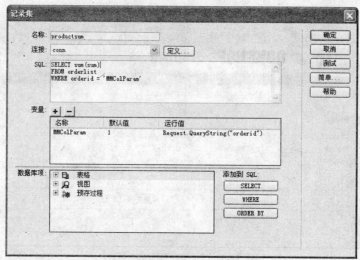

图 5-83　高级"记录集"对话框

（2）分别将"productid"、"name"、"price2"、"productnum"、"sum"字段绑定到表格相应行中并设置相关样式，如图 5-84 所示。

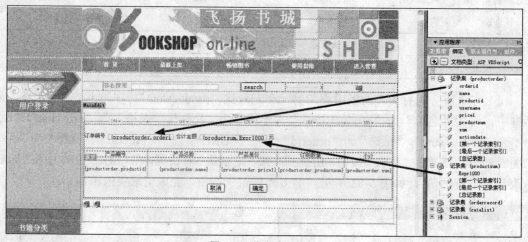

图 5-84　绑定动态数据

4. 添加重复区域

选中表格第 3 行，在"服务器行为"面板中添加"重复区域"服务器行为，在弹出的"重复区域"对话框中，设置"记录集"为""productorder"，并显示为"所有记录"，如图 5-85 所示，最后，单击"确定"按钮完成添加。

5. 添加"删除记录"服务器行为

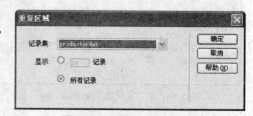

图 5-85　"重复区域"对话框

用户如果要取消该订单，则可以通过单击"取消"按钮来实现，该功能是通过添加"删除记录"服务器行为来实现。

（1）首先在"服务器行为"面板中添加记录集"orderrecord"，在弹出的"记录集"对话框中，设置"名称"为"orderrecord"，"连接"为"conn"，"表格"为"orders"，"列"为"全部"，"筛选"为"无"，"排序"为"无"，如图 5-86 所示。

（2）在"服务器行为"面板中添加"删除记录"服务器行为，该服务器行为的具体参数设置如图 5-87 所示。

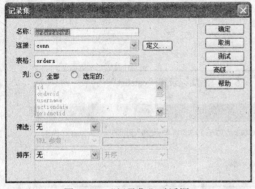

图 5-86　"记录集"对话框

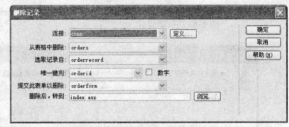

图 5-87　"删除记录"服务器行为

至此，订单显示页面"showorder.asp"基本设计完成，在该页面中，通过单击"确定"按钮就可以进行订单确认并付款交易，具体的开发与实际支付平台紧密相关，读者可以自己尝试根据实际情况设计完成。

5.5　书籍分类搜索以及在线搜索模块

5.5.1　书籍分类搜索模块的实现

书籍分类搜索模块可以使用户按图书类别搜索图书，主要分为两大部分：图书分类搜索页面和搜索结果显示页面。在本例中，搜索页面放在模板中，以便用户随时可以搜索图书；搜索结果显示页面"category.asp"，列出所有搜索信息结果，并为用户提供购买功能。

1. 在模板中添加图书分类

（1）打开网站模板页"template.dwt.asp"，在"书籍分类"下方插入 1 行 1 列的表格，设置其 ID 为"tb1"，并在表格中插入图像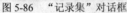，如图 5-88 所示。

（2）添加数据记录集。

① 在"服务器行为"面板中添加记录集"catelist"，在弹出的"记录集"对话框中，设置"名称"为"catelist"，"连接"为"conn"，"表格"为"category"（图书类别数据表），"列"为"全部"，"筛选"为"无"，"排序"为"无"，如图 5-89 所示。

② 单击"确定"按钮，弹出如图 5-90 所示的提示对话框.，单击"确定"按钮关闭提示对话框。该提示框提醒编程者要把该记录集代码插入到<head>部分中，因为目前这个模块是在模板中，只有这样才可以把记录集复制更新到基于该模板的所有网页文档中。

图 5-88　页面设计

图 5-89　添加记录集"catelist"

图 5-90　提示对话框

③ 选中记录集"catelist"，切换到"代码"视图，找到如下代码。

```
<%
Dim catelist
Dim catelist_numRows
Set catelist = Server.CreateObject("ADODB.Recordset")
catelist.ActiveConnection = MM_conn_STRING
catelist.Source = "SELECT * FROM category"
catelist.CursorType = 0
catelist.CursorLocation = 2
catelist.LockType = 1
catelist.Open()
catelist_numRows = 0
%>
```

将其剪切，复制到代码<head>后面，完成模板记录集的添加。

（3）绑定动态数据。

切换到"绑定"面板，将记录集"catelist"下面的"category"字段绑定到表格"tb1"中，如图 5-91 所示。

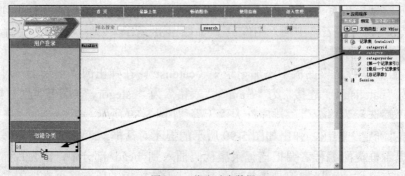

图 5-91　绑定动态数据

（4）添加重复区域。

选中表格"tb1"，在"服务器行为"面板添加"重复区域"服务器行为，然后切换到"代码"视图，找到如下代码。

```
<%

    MyRepeat1__index=MyRepeat1__index+1
    MyRepeat1__numRows=MyRepeat1__numRows-1
    catelist.MoveNext()
Wend
%>
```

这就是"重复区域"服务器行为的代码，在<% 之后添加如下代码

```
Cate_numTd=Cate_numTd+1
If Cate_numTd mod 2 =0 Then
    Response.Write("</tr><tr>")
End If
```

该代码段表示每次循环时循环变量加"1"，当循环变量的值除以 2 的余数为 0 时，输出"换行"，也就是控制每行输出两个记录，如图 5-92 所示。

（5）添加动态数据链接。

切换到"设计"视图，选中表格"tb1"内绑定的动态数据，单击"属性"面板的"链接浏览"按钮，在弹出的对话框中，选择站点根目录下的"category.asp"，并单击"参数"按钮，在弹出的"参数"对话框中，设置"参数名称"为"categoryid"，如图 5-93 所示。

图 5-92 书籍分类页面显示

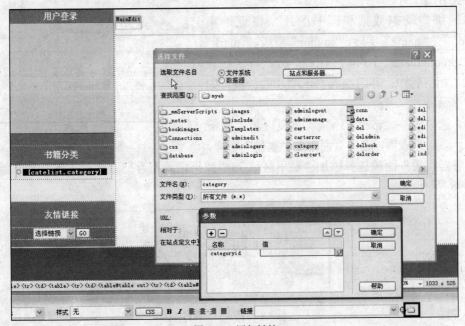

图 5-93 添加链接

接着，单击"值"后面的按钮，弹出"动态数据"对话框，选择"categoryid"字段，如图 5-94 所示。

单击"确定"按钮，关闭对话框，完成添加数据连接。

2. 图书分类显示页面（category.asp）

（1）基本页面设计。

① 由模板新建页面，并保存文件名为"category.asp"，在"MainEdit"可编辑区域中插入一个 4 行 1 列表格并进行相关的属性设计，设置其 ID 为"tb1"。

② 在表格"tb1"第 2 行插入 7 行 3 列的表格并进行相关的属性设计，设置其 ID 为"tb2"，

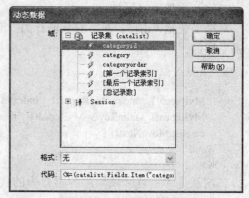

图 5-94 "动态数据"对话框

在该表格中插入文字以及购物车图片，并设置相关样式，如图 5-95 所示。

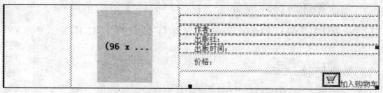

图 5-95 页面设计

（2）添加图书记录集"catepro"，记录集的筛选条件是"categoryid"|"="|"URL 参数"|"categoryid"，如图 5-96 所示。

（3）绑定动态数据和图书图片，将记录集"catepro"的"name"字段、"author"字段、"mark"字段、"productdate"字段、"price2"分别绑定在表格"tb2"相应行中，并添加购物车图片的链接，如图 5-97 所示。

（4）选中表格"tb2"，添加"重复区域"服务器行为。添加完成后，选中页面上的"重复"字样，

图 5-96 添加记录集

在"服务器行为"面板选择添加"显示区域"|"如果记录不为空则显示区域"服务器行为，如图 5-98 所示。

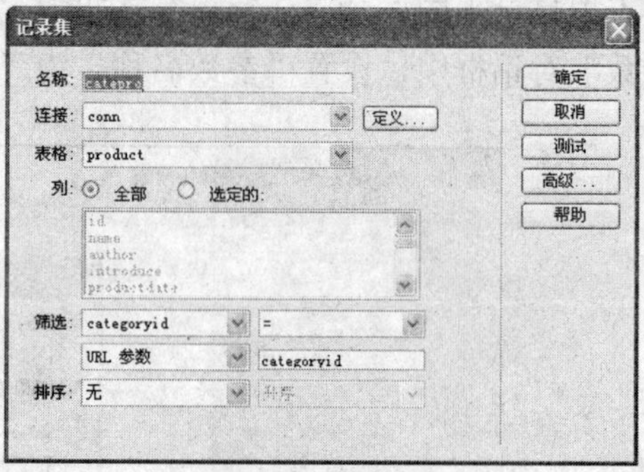

图 5-97 绑定动态数据

（5）将鼠标指针定位于表格"tb1"第 1 行内，然后选择菜单"插入"|"应用程序对象"|"显示记录计数"|"记录集导航状态"命令；在表格"tb1"第 3 行内，选择菜单"插入"|"应用程序对象"|"记录集分页"|"记录集导航条"命令。如图 5-99 所示。

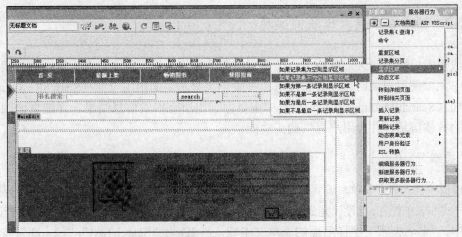

图 5-98　"如果记录不为空则显示区域"服务器行为

图 5-99　插入记录集导航状态和记录集导航条

（6）在表格"tb1"第 4 行内，输入文字"目前该分类中没有图书"，设置相关样式，并选中它，在"服务器行为"面板选择添加"显示区域"|"如果记录为空则显示区域"服务器行为，如图 5-100 所示，这样在浏览页面时，所选分类中没有图书时显示"目前该分类中没有图书"提示信息。

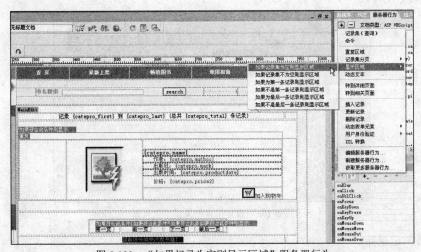

图 5-100　"如果记录为空则显示区域"服务器行为

至此，书籍分类搜索模块就设计完成。下面将介绍图书在线搜索模块的设计。

5.5.2　图书在线搜索模块的实现

在线搜索模块由两大部分构成：搜索页面和搜索结果显示页面。在本例中，搜索页面放在模板中，以便用户随时可以搜索图书；搜索结果显示页面由主页面（SearchResult.asp）和详细页面（SearchResultdetail.asp），其中主页面列出所有搜索信息结果，详细页面则列出每个结果的具体信息，并为用户提供购买功能。

1．搜索页面的设计

在模板中插入一个表单，设置其名称为"Searchform"，并在表单中插入 1 行 3 列的表格，设置相关样式和表单控件，已设计完成的搜索页面布局如图 5-101 所示，它提供了图书模糊查询功能。

其中，"书名搜索"字样后面的表单文本域，其 ID 为"SearchText"，"search"按钮的动作为"提交表单"。

接着，选中标签选择器中的<form#Searchform>，在"属性"面板中，设置"动作"为"../SearchResult.asp"，"方法"为"POST"，即表单以"POST"方式提交，并且处理表单的页面是"SearchResult.asp"，如图 5-102 所示。

图 5-101　搜索模块页面设计

图 5-102　表单属性

2．搜索结果显示主页面（SearchResult.asp）

（1）由模板新建"VB Script"类型动态页，命名为"SearchResult.asp"，已设计完成的页面如图 5-103 所示。

图 5-103　设计搜索结果显示主页面

（2）添加记录集。

在"服务器行为"面板中添加记录集"Recordset1"，在弹出的"记录集"对话框中，设置"名称"为"Recordset1"，"连接"为"conn"，"表格"为"product"，"列"为"全部"，

"筛选"为"name"|"="|"表单变量"|"searchText","排序"为"无",如图 5-104 所示。

单击"高级…"按钮,进入高级视图记录集,将"SQL 命令"中"WHERE name = 'MMColParam'"语句改为"WHERE name like '%MMColParam%'",如图 5-105 所示。这个语句表示查询出与变量"MMColParam"相似的所有记录,而变量 MMColParam 的值定义为请求变量"Form("searchText")",也就是用户在搜索页面中输入的查询关键字。

图 5-104 添加记录集

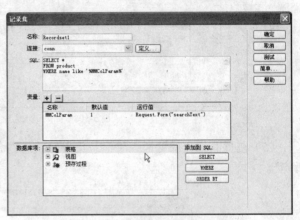

图 5-105 高级视图记录集

(3) 进行页面动态数据绑定、添加重复区域,如图 5-106 所示。

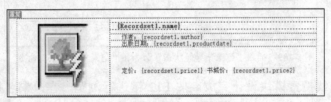

图 5-106 添加服务器行为

(4) 在页面"设计"视图,选中"重复"标记,在"服务器行为"面板中选择添加"显示区域"|"如果记录不为空则显示区域",弹出的对话框采用默认设置,如图 5-107 所示。

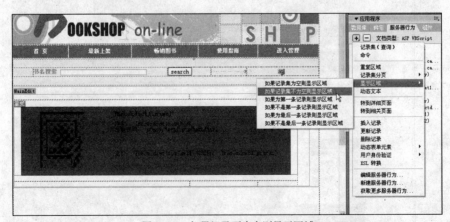

图 5-107 如果记录不为空则显示区域

在页面相应位置输入文字"没有找到相关记录,请重新输入关键词",选中该行文字,在"服务器行为"面板中选择添加"显示区域"|"如果记录为空则显示区域"服务器行为,如

图 5-108 所示。这是用户在进行图书搜索时，没有搜索到相关记录时显示该信息。

图 5-108　如果记录为空则显示区域

（5）在页面相应位置插入"记录集导航状态"命令和"记录集导航条"命令，如图 5-109 所示。

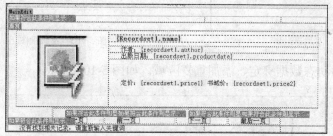

图 5-109　插入"记录集导航状态"命令和"记录集导航条"命令

至此，图书在线搜索模块设计完成，按 F12 键进行浏览，在"书名搜索"后面的文本框中输入"教程"，单击"search"按钮，结果如图 5-110 所示。

图 5-110　搜索结果显示

搜索结果显示详细页面"SearchResultdetail.asp"的设计与图书详细信息页面"showdetail.asp"设计原理基本相同，可以在主页面"SearchResult.asp"中添加"转到详细页面"服务器行为，这里由于篇幅关系不再赘述。

5.6　用户使用指南模块

用户使用指南模块主要由两大部分构成，使用指南问题显示页面和使用指南详细信息显示页面。首先要在模板文件"template.dwt.asp"添加"使用指南"链接，指向用户使用指南显示页面"showguide.asp"，该页面中列出了访问网站的一些常见问题及其单击次数，用户单击某个问题时，会转到详细信息显示页面"guidedetail.asp"，该页面列出了上页中所选择问题的详细解释。

5.6.1　用户使用指南显示页面（showguide.asp）

1．基本页面设计

（1）由模板新建页面，并保存文件名为"showguide.asp"，在"MainEdit"可编辑区域中插入一个 4 行 1 列表格并进行相关的属性设计，设置其 ID 为"tb1"。在表格"tb1"第 1 行输入文字"购物指南"，在表格第 3 行输入文字"、（点击 次）"，并设置相关样式，如图 5-111 所示。

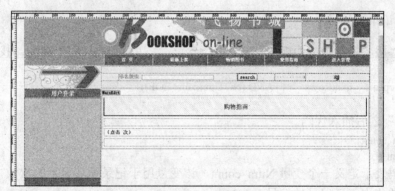

图 5-111　设计用户使用指南页面

（2）添加记录集。

在"服务器行为"面板中添加记录集"guidelist"，在弹出的"记录集"对话框中，设置"名称"为"guidelist"，"连接"为"conn"，"表格"为"guide"，"列"为"全部"，"筛选"为"无"，"排序"为"hit"|"降序"，如图 5-112 所示。

（3）绑定动态数据及添加重复区域。

① 将记录集"guidelist"的"questions"、"hit"字段分别绑定在表格"tb1"第 3 行中。

② 选中表格第 3 行，在"服务器行为"面板中添加"重复区域"服务器行为。

（4）在表格第 1 行和第 4 行分别插入"记录集导航状态"命令和"记录集导航条"命令。如图 5-113 所示。

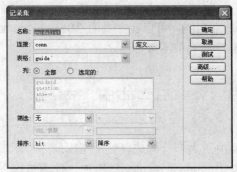

图 5-112　添加记录集"guidelist"

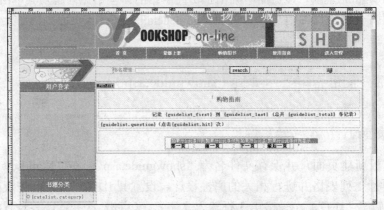

图 5-113　绑定动态数据及添加服务器行为

2．添加记录编号

（1）在"服务器行为"面板中选择"重复区域"，切换到"代码"视图，找到如下代码。

```
<%
While ((Repeat1__numRows <> 0) AND (NOT guidelist.EOF))
%>
```

在"<%"之后插入代码。

```
DIM Num_count
Num_count=1
```

该段代码表示定义一个变量 Num_count，该变量用于记录循环显示的次数，这样就可以用这个变量的值来表示记录的编号。

（2）在"重复区域"代码内，找到如下代码。

```
<%
  Repeat1__index=Repeat1__index+1
  Repeat1__numRows=Repeat1__numRows-1
  guidelist.MoveNext()
Wend
%>
```

在"<%"之后插入代码"Num_count=Num_count+1"。

（3）切换到"设计"视图，将鼠标指针放在表格第 3 行文字"、（点击{guidelist.hit} 次）"的左边，然后切换到"代码"视图，插入代码"<%= Num_count %>"，这样，在浏览页面时就可以显示记录编号了，如图 5-114 所示。

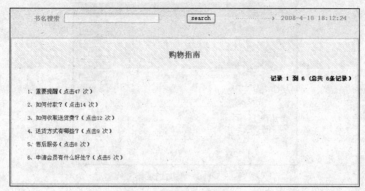

图 5-114　浏览用户使用指南页面

3．添加链接

在"设计"视图中，选中表格第 3 行中的动态数据"{guidelist.questions}"，为其添加链接"guidedetail.asp"并传递 URL 参数"guideid"的值为记录集"guidelist"的"guideid"字段，即链接内容为"guidedetail.asp?guideid=<%=(guidelist.Fields.Item("guideid").Value)%>"。

5.6.2　使用指南详细信息显示页面（guidedetail.asp）

当用户浏览使用指南显示页面（showguide.asp）时，可以单击感兴趣的问题，从而进入详细信息显示页面获得确定的答案。下面进行详细信息显示页面"guidedetail.asp"的设计。

1．基本页面设计

（1）由模板新建页面，并保存文件名为"guidedetail.asp"，在"MainEdit"可编辑区域中插入一个 2 行 2 列表格并进行相关的属性设计，设置其 ID 为"tb1"。

（2）在表格第 1 行第 2 列、第 2 行第 2 列分别输入文字"问题："、"答案："并设置相关样式，如图 5-115 所示。

图 5-115　基本页面设计

2．添加记录集并进行动态数据绑定

在"服务器行为"面板中添加记录集"guidedetail"，在弹出的"记录集"对话框中，设置"名称"为"guidedetail"，"连接"为"conn"，"表格"为"guide"，"列"为"全部"，"筛选"为"guideid"|"="|"URL 参数"|"guideid"，"排序"为"无"，如图 5-116 所示。

将记录集"guidedetail"的"questions"、"answers"字段分别绑定在表格相应位置，并进行相关样式设计。

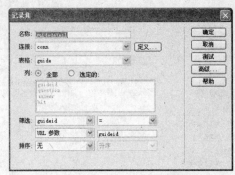

图 5-116 添加记录集

3. 修改点击次数

当用户浏览使用指南时，浏览过的记录其点击次数应该做相应的修改，即点击次数需要加"1"，下面介绍如何实现该功能。

（1）切换到"绑定"面板，添加"命令（预存过程）"，在弹出的"命令"对话框中设置"名称"为"Updatehit"；"连接"为"conn"；"类型"为"更新"，这是因为我们制作的是记录访问次数，要更新数据库中的数据表字段。

（2）选择"更新"后，SQL 栏中就会自动出现几行 SQL 语句，将这些语句进行修改为

UPDATE   guide
SET hit=hit+1
WHERE guideid=MMColParam

hit 为 guide 数据表中记录访问次数的字段，hit+1 表示每访问一次，字段数值自动加 1。guideid 为数据表中的 ID 号，MMColParam 为变量名称，可以任意取。这里应该说明的是，如 guideid 字段类型为自动编号，那么变量名称不加单引号，但 guideid 字段类型如果是文本，那么变量 MMColParam 需加单引号，就是 guideid='MMColParam'。

（3）在下面的变量一栏中单击"＋"按钮，在出现的名称文字框中输入 MMColParam，在运行值文字框中输入 Request.QueryString("guideid")。

需要注意的是"命令（预存过程）"要放在结果页面中（即在目录页面点击以后要进入的页面），这样才能起作用。

至此，使用指南模块设计完成，按 F12 键浏览页面"showguide.asp"，用户在该页面中单击任一个记录就可以查看其详细信息，从而获得网站的帮助。

5.7   管理员后台管理模块

对于任何一个 Web 应用程序来说，都应具备一个后台管理的功能，负责对整个应用程序的控制管理。从实现方式上，就是用户可以对系统各种数据记录进行添加、查看、编辑和删除等操作，这些操作是由网站管理员来完成的，即使用管理员身份登录后才可以进行，因此，在网站模板中添加"进入管理"的链接，该链接就是"管理员登录页面（adminlogin.asp）"。

管理员成功登录后，就可以进行各种管理操作。由于本系统所涉及的管理内容很多，包括"图书管理"、"会员管理"、"订单管理"、"使用指南管理"等，为了保持统一的页面风格，

可以使用模板或框架集页面，本例中设计的是模板，管理模板页（admintemplate.dwt.asp）如图 5-117 所示。

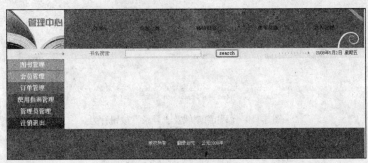

图 5-117　管理模板页

5.7.1　管理员登录页面设计

1．基本页面设计

（1）在站点根目录下面新建动态文件"adminlogin.asp"，并进行相关的页面设计。在该页面中插入表单，设置其名称为"adminlogin"。

（2）在表单中插入 4 行 1 列的表格，在表格中添加有关表单控件，并设置相关样式，如图 5-118 所示，其中，各表单控件的相关设置如表 5-12 所示。

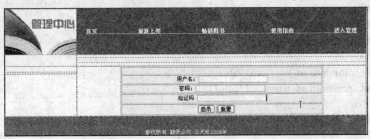

图 5-118　管理员登录页面基本页面设计

表 5-12　　　　　　　　　　　　　　管理员登录页面中各表单控件

控　件	控 件 类 型	控 件 名 称	备　注
"用户名"所对应的文本框	文本框	adminname	单 行
"密码"所对应的文本框	文本框	adminpas	单 行
"验证码"所对应的文本框	文本框	yzm	单 行
"登录"按钮	"提交表单"动作	Submit	
"重置"按钮	"无"动作	Submit1	

2．添加验证代码

（1）添加一个隐藏域 yzm1，值为<%=y%>。将光标定位在验证码文本框的后面，切换到代码视图，输入代码<%=y%>。

（2）选中“提交”按钮，切换到代码视图，在代码“value="登录"”后面添加代码“onclick="return check()"”，如图 5-119 所示。

```
<tr>
  <td colspan="2" align="center">验证码
    <label>
    <input name="yzm" type="text" id="yzm" />
    <%=y%>
    <input name="yzm1" type="hidden" id="yzm1" value="<%=y%>" />
    </label></td>
  </tr>
<tr>
  <td width="24%" align="right"><input name="Submit" type="submit" id="Submit" value="登录" onclick="return check()" /></td>
  <td width="30%"><input name="Submit1" type="reset" id="Submit1" value="重置" /></td>
  </tr>
```

图 5-119　添加隐藏域及“登录”按钮行为

（3）切换到代码视图，输入如下代码。

```
<%
dim y
randomize timer
y=Int((8999)*Rnd+1009)
session("ok")=y
%>
```

该段代码用于随机生成一个验证码。

（4）在代码视图中输入如下代码。

```
<script LANGUAGE="javascript">
<!--
function check()
{
   if(document.admininfo.ad_name.value=="") {
     document.admininfo.ad_name.focus();
     alert("管理员不能为空！");
     return false;
     }
  if(document.admininfo.ad_password.value=="") {
     document.admininfo.ad_password.focus();
     alert("密码不能为空！");
     return false;
     }
     if(document.admininfo.yzm.value=="") {
     document.admininfo.yzm.focus();
     alert("验证码不能为空！");
     return false;
     }
     if(document.admininfo.yzm.value != document.admininfo.yzm1.value) {
     document.admininfo.yzm.focus();
     document.admininfo.yzm.value = '';
     alert("验证码不同，请重新输入！");
     return false;
   }
}
//-->
</script>
```

这段代码主要验证管理员是否输入用户名、密码和验证码，以及验证码是否相同，如果没有输入用户名、密码、验证码或者输入的验证码不正确，则返回重新输入。

3. 添加服务器行为

（1）打开应用程序面板，切换到"服务器行为"窗口，添加"登录用户"服务器行为。

（2）在弹出的"登录用户"对话框中，设"使用连接验证"为"conn"，"表格"为"admin"，"用户名列"为"admin"，"密码列"为"adminpassword"。

（3）设置"如果登录成功，转到"项为"productmanage.asp"，设置"如果登录失败，转到"项为"adminlogerr.asp"。

（4）设置"基于以下项限制访问"为"用户名和密码"，其他保持默认设置。单击"确定"按钮，完成"登录用户"服务器行为的添加。

4. 修改阶段变量

前面在介绍会员登录模块时提到，通过 Dreamweaver 中的"登录用户"服务器行为登录时，通常情况下，会将用户的登录名存储到阶段变量 Session（"MM_Username"）中，而在有些页面中添加了"限制对页的访问"的服务器行为，该行为就是通过 Session（"MM_Username"）是否为空来判断用户是否登录。为了区分会员和管理员两种不同的用户，所以这里把添加"登录用户"服务器行为代码中的 Session（"MM_Username"）改为 Session（"MM_Adminame"）来存储管理员登录名。

管理员登录成功后，将转到管理图书页面（productmanage.asp），在该页面中，管理员可以进行图书的编辑和删除操作。同时，由于该页面是模板页，所以也可以从这个页面进入其他的管理页面，从而实现会员和订单等各种数据记录的管理。

5.7.2　管理模板页设计

由于本系统所涉及的管理内容很多，所以为了统一风格，采用模板来管理每个页面。管理模板页（admintemplate.dwt.asp）的设计比较简单，如图 5-120 所示。

图 5-120　管理模板页显示弹出菜单

这里主要介绍为"图书管理"这个标题添加弹出菜单的方法，使用布局对象——"层"，并为其添加特定的行为来实现，具体步骤如下。

（1）打开模板页"admintemplate.dwt.asp"，将鼠标指针放在"图书管理"字样上选择菜单"插入"|"布局对象"|"层"命令，设置其 ID 为"booklayer"，调整层的位置，以保证在浏览页面时该层与"图书管理"单元格有重合部分，然后在该层中继续插入 2 行 1 列的表格，

设置表格相关样式，并在表格中输入"添加图书"和"管理图书"字样，如图 5-121 所示。

（2）设置"添加图书"字样的超级链接为添加图书页面"../productinsert.asp"，"管理图书"的超级链接为管理图书页面"../productmanage.asp"。

（3）选中层"booklayer"，打开"行为"面板，为其添加"显示—隐藏层"行为，如图 5-122 所示，在弹出的"显示—隐藏层"对话框中，设置"命名的层"为"层 booklayer"，单击"显示"按钮，如图 5-123 所示，然后单击"确定"按钮关闭对话框。接着在"行为"面板为刚添加的行为选择"OnMouseOver"事件，表示当鼠标指针滑过时显示该层，如图 5-124 所示。

图 5-121　在模板页中插入"层"

图 5-122　添加"显示—隐藏层"行为

图 5-123　"显示—隐藏层"对话框

图 5-124　选择"OnMouseOver"事件

（4）用同样的方法再添加"显示—隐藏层"行为，在弹出的"显示—隐藏层"对话框中单击"隐藏"按钮，并选择其事件为"OnMouseOut"，表示当鼠标指针移开时隐藏该层。

（5）因为在浏览模板页时，当鼠标指针移到"图书管理"字样时，也应该显示该层，当鼠标指针移开时关闭该层，所以还要为"图书管理"所在的单元格添加"显示—隐藏层"的行为，如图 5-125 所示。

（6）最后选中层"booklayer"，在属性面板中将其"可见性"设置为"hidden"，如图 5-126所示，表示只有当鼠标指针经过"图书管理"和层时才可以显示该层，否则都是不可见的。

管理模板页中其他管理页面的链接设置方法类似，读者可以自己完成。

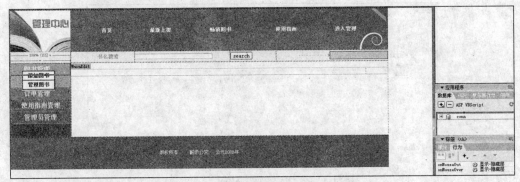

图 5-125 添加"显示—隐藏层"的行为

图 5-126 将层"可见性"设置为"hidden"

5.7.3 添加图书模块的实现

管理图书模块主要完成图书的添加功能，具体实现方法是当用户单击"添加图书"链接时，页面转到添加图书页面（productinsert.asp），在该页面中输入并提交图书的相关信息，其中包括图书"书名"、"作者"、"出版社"、"图片"等内容。

添加图书页面（productinsert.asp）是本例设计的难点，着重要处理两个方面的问题。首先，图书图片作为文件的上传处理。文件上传不同于数据录入，所以文件的上传可以不建立相关数据库，但是必须获得上传文件的路径地址，并将该地址保存至数据库记录。这个问题涉及 ASP 的 FOS 对象，其具体功能需要手动编程实现。其次，同一个表单无法同时处理两个数据提交行为。

通过网页上传文件一般有两种方法：一是通过上传组件上传，二是使用无组件上传，本例使用第二种方法。使用"无组件上传"可避免上传组件的选择以及在服务器端的安装，在动态文档中引用无组件上传的功能文件，并直接应用该文件中为上传所定义的功能代码，即能实现上传功能。目前实现"无组件上传"的功能文件已经被封装成了"类"文件，在网络上流传广泛，如"无惧无组件上传类"和"化境无组件上传类"等，本系统就采用了"化境无组件上传类"来实现文件的上传。

至于第二个难点，采用浮动框架的形式，在提交图书信息前完成文件的上传。

1. 添加图书页面（productinsert.asp）

（1）基本页面设计。

由管理模板页（admintemplate.dwt.asp）新建动态页，命名为"productinsert.asp"。接下来，插入表单域（insert），在表单中插入表格并输入相应文字和表单控件，并设置相关样式，如图 5-127 所示，其中，各表单控件的相关设置如表 5-13 所示。

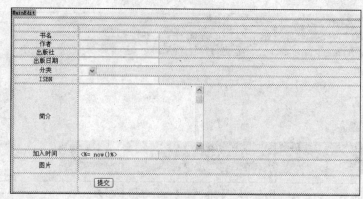

图 5-127　添加图书页面基本页面设计

表 5-13　　　　　　　　　　　　　　**表单控件属性说明**

控　件	控 件 类 型	控 件 名 称	备　　注
"书名"所对应的文本框	文本框	name	单 行
"作者"所对应的文本框	文本框	author	单 行
"出版社"所对应的文本框	文本框	mark	单 行
"出版日期"所对应的文本框	文本框	date	单 行
"分类"所对应的列表/菜单	列表/菜单	select	
"ISBN"所对应的文本框	文本框	isbn	单 行
"简介"所对应的文本域	文本域	texteare	多行
"加入时间"所对应的文本框	文本框	time	初 始 值 " <%= now()%>"
"提交"按钮	"无"动作	Submit1	

　　这里要特别指出的是因为图书分类字段（category）是以数字来代表与其相对应的类别的，所以"分类"所对应的表单控件设置为文本框会出现错误，比较好的办法是将其设置为一个列表菜单。列表菜单的值设置为动态，从数据库数据表（category）中获得"值"和"标签"，具体方法如下。

　　① 首先在"绑定"面板添加记录集"categoryrecordset"，在弹出的对话框中选择"名称"为"categoryrecordset"，"连接"为"conn"，"表格"为"category"，"列"为"全部"，"筛选"和"排序"为"无"。

　　② 选中"分类"所对应的列表/菜单，然后在"属性"面板中选择按钮 [动态...]，弹出"动态列表/菜单"对话框，设置"来自记录集的选项"为"categoryrecordset"，"值"为"categoryid"，"标签"为"category"，如图 5-128 所示。

　　③ 单击"选取值等于"后面的按钮，弹出"动态数据"对话框，选择"域"为"categoryid"，如图 5-129 所示，单击"确定"按钮关闭对话框，完成列表值的设置。

　　（2）插入浮动框架。

　　采用浮动框架的原因前面，就是为了解决在"productinsert.asp"页面中无法用一个表单同时处理两个数据提交行为，所以必须在另外的页面中完成。参照本章 5.2.1 节介绍的添加嵌入框架（iframe）的方法，在"图片"所在行的对应单元格中，插入浮动框架，并设置框架属性"height"、"width"、"scrolling"以及"scr"分别为"30"、"350"、"no"和"upload.asp"。

图 5-128 "动态列表/菜单"对话框

图 5-129 "动态数据"对话框

（3）插入隐藏域。

在表单域"insert"内插入一个表单隐藏域，设置其名称为"pic"。设置该隐藏域的目的是用来存储在"upload.asp"页面中上传到服务器的图书图片的路径地址，这样在添加"插入记录"服务器行为时就可以将隐藏域"pic"的值插入到数据库字段"pic"中，从而完成图书图片的添加。

2. 文件上传页面（upload.asp）

文件上传页面主要为用户提供独立的文件上传平台，它只是一个用户接口，其具体功能的实现依赖于后台功能页面"upfile.asp"，该文件将用户提交的文件上传到服务器的"bookimages"文件夹中。

（1）基本页面设计。

新建一个"ASP VBScript"动态页面，命名为"upload.asp"。在页面中插入表单和相应的表单控件，如图 5-130 所示，其中，表单控件属性和说明见表 5-14。

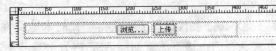

图 5-130 设计文件上传页面

表 5-14　　　　　　　　　　　　　表单控件属性说明

控　件	控件类型	控件名称	备　注
"浏览"所对应的文本框	文件域	file	单行
"上传"所对应的按钮	按钮	uppic	动作：提交表单

（2）设置表单动作。

在标签选择器中选中"form"标签，然后在"属性"面板中设置表单动作为"upfile.asp"，最后，在"MIME 类型"的下拉表中选择"multipart/form-data"，如图 5-131 所示。

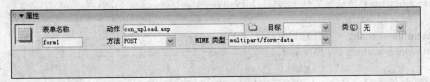

图 5-131 设置表单动作

多目的 Internet 邮件扩展（MIME）是创建用于电子邮件交换、网络文档以及企业网和 Internet 上其他应用程序中文件格式的规范。每个 MIME 格式包含一个 MIME 内容类型和指示存储在这个文件中数据的子类型。MIME 类型一般以类型/子类型的形式列出，当"MIME 类型"为"multipart/form-data"时，表示以二进制数据形式进行传递，一般当表单中包含多媒体数据时，必须设置为"multipart/form-data"。

3. 文件上传功能页面（upfile.asp）

文件上传功能页面用于处理文件上传页面"upload.asp"提交的数据。在"upfile.asp"页面中包含"无组件上传类"文件实现文件上传的功能，并加入其他一些代码进行相关处理后将文件上传至服务器。

（1）无组件上传类文件。

本文介绍的是化境无组件上传类文件"upload_5xsoft.inc"，该文件可以从其官方网站（http://www.5xsoft.com/）下载，目前版本是 2.0。

（2）建立文件上传功能页面。

① 新建动态页"upfile.asp"，在"设计"视图输入"上传成功！"，提示文件已经成功上传到服务器"bookimages"文件夹中。

② 切换到"代码"视图，在代码行头部插入"<!--#include file="upload_5xSoft.inc" -->"，从而将化境无组件上传类文件"upload_5xsoft.inc"嵌入到页面中。

③ 在 HTML 标签<body>…</body>之间插入如下代码。

```
<%
filesizemin=100
filesizemax=200*1024
set upload=new upload_5xSoft '建立上传对象
```

其中，filesizemax 和 filesizemin 分别定义上传文件的大小所需的最大值和最小值，upload 表示建立上传对象。

④ 文件上传首先需要获得选择的本地文件，在化境无组件的应用中是通过"upload.file"方式获得的，该方法就如同 ASP 内置对象"Request.form"一样。所不同的是"upload.file"中的"upload"是定义的上传对象，"file"是上传对象中定义的方法，该方法是用来获得上传文件的。

获得了上一页"文件域"传递的浏览文件之后，则应该判断所接收文件的大小，在确保所选择上传文件的大小是大于 0，即具有上传文件传递的情况下，才可以进行上传，否则必须返回确保有文件被选择。

因此，如图 5-132 所示，在文件中插入代码。

```
Set upfile=upload.file("file") '建立上传文件对象
If upfile.filesize>0 then

Else
    response.write ("请选择文件上传! <a href=# onclick=history.go(-1)>返回</a>")
End If
    Set upfile=nothing        '删除文件对象
    Set upload=nothing        '删除对象
%>
```

⑤ 检测文件大小。虽然上传文件的功能是在条件 upfile.filesize>0 的情况下完成的，但

```
1  <%@LANGUAGE="VBSCRIPT" CODEPAGE="936"%>
2  <!DOCTYPE html PUBLIC "-//W3C//DTD XHTML 1.0 Transitional//EN" "http://www.w3.org/TR/xhtml1/DTD/xhtml1-transitional.dtd">
3  <html xmlns="http://www.w3.org/1999/xhtml">
4  <head>
5  <meta http-equiv="Content-Type" content="text/html; charset=gb2312" />
6  <title>文件上传</title>
7  </head>
8  <!--#include file="upload_5xSoft.inc" -->
9  <body>
10 <%
11 filesizemin=100
12 filesizemax=200*1024
13 set upload=new upload_5xSoft '建立上传对象
14
15 '**********************上传功能*****************************
16 Set upfile=upload.file("file") '建立上传文件对象
17 If upfile.filesize>0 then
18
19    Else
20        response.write ("请选择文件上传! <a href=# onclick=history.go(-1)>返回</a>")
21 End If
22
23    Set upfile=nothing  '删除文件对象
24    Set upload=nothing  '删除对象
25 %>
26 上传成功!
27 </body>
28 </html>
29
```

图 5-132　判断是否有上传文件

是还应该判断文件的大小必须满足规定的最大值和最小值之间。所以，在代码"If upfile.filesize>0 then"后面插入如下代码。

```
If upfile.filesize<filesizemin Then
    response.write "你上传的文件太小了,<a href=# onclick=history.go(-1)>重新上传</a>"
    response.end
ElseIf upfile.filesize>filesizemax then
    response.write "文件大小超过了字节限制,<a href=# onclick=history.go(-1)>重新上传</a>"
    response.end
End If
```

⑥ 检测文件类型。在检测完文件大小后，接着需要检测文件的类型，其检测方法是提取上传文件名称的后 3 位内容，在化境无组件类中使用"filename"属性获得文件名称。

在检测文件大小代码段的下一行继续输入如下代码。

```
f_type=ucase(right(upfile.filename,3))
uploadsuc=false    '定义标签
Forum_upload="JPG|PNG|GIF|DOC|TXT|CHM|PDF|MP3|WMA|WMV"
Forumupload=split(Forum_upload,"|")
For i=0 to ubound(Forumupload)
    If f_type=Forumupload(i) Then
        uploadsuc=true     '格式吻合时的标签
        Exit For
    Else
        uploadsuc=false    '格式不吻合时标签
    End If
Next
If uploadsuc=false Then     '根据标签判断给出信息
    response.write "文件格式不正确,<a href=# onclick=history.go(-1)>重新上传</a>"
    response.end
    else
End If
```

其中 f_type 变量用来获得上传文件扩展名并以大写形式显示；Forum_upload 变量即定义允许上传的文件类型，通过 split 函数建立数组，将文件扩展名与每个数组元素进行比较，只要有吻合的定义允许上传的文件类型，则将变量 uploadsuc 的值赋为 true；最后当 uploadsuc=false 时，说明上传的文件类型不符合定义。

⑦ 建立上传文件的名称及保存的文件夹，然后将文件上传。在检测完文件类型代码段的下一行输入如下代码。

```
function MakedownName()
        dim fname
        fname = now()
        fname = replace(fname,"-","")
        fname = replace(fname," ","")
        fname = replace(fname,":","")
        fname = replace(fname,"PM","")
        fname = replace(fname,"AM","")
        fname = replace(fname,"上午","")
        fname = replace(fname,"下午","")
        fname = int(fname) + int((10-1+1)*Rnd + 1)
        MakedownName=fname
    end function

    formPath="bookimages/"
    newname=MakedownName()&"."&mid(upfile.FileName,InStrRev(upfile.FileName, ".")+1)
    upfile.SaveAs Server.mappath(formPath&newname)    '保存文件
```

变量 formPath 表示上传文件的相对路径地址；函数 MakedownName()用来生成文件名，它的命名规则是由系统时间加一个随机数构成的；变量 newname 表示文件名称，由文件名和后缀名组成，后缀名是与原上传文件相同的后缀名；代码 "upfile.SaveAs Server.mappath (formPath&newname)" 表示实现上传功能将文件进行保存。

⑧ 将上传文件的路径返回到图书添加页面 "productinsert.asp" 的隐藏域中，从而实现了添加图书记录时将该图书的图片地址保存至数据库记录中。在代码 "upfile.SaveAs Server.mappath(formPath&newname)" 之后添加如下代码。

```
response.Write"<script>parent.insert.pic.value+='bookimages/"&newname&"'</script>"
```

其中 "parent.insert.pic.value" 表示当前浮动框架内容的 upfile.asp 将最终的上传路径内容，写入到父窗体中表单区域 "insert" 内名为 "pic" 的表单元素内。

至此，文件上传功能页面（upfile.asp）设计完成，当然对于文件上传的一些处理，如文件名称和文件路径等可以有很多方法实现，本例只是采用了其中一种比较简单的方法。

5.7.4　管理图书模块的实现

管理图书模块主要完成图书显示、编辑和删除操作，具体实现方法是当用户单击 "管理图书" 链接时，页面转到图书管理页（productmanage.asp），在该页中显示所有的图书记录，并且可以对每条记录进行编辑和删除操作。

1．图书管理页面（productmanage.asp）

（1）基本页面设计。

由管理模板页（admintemplate.dwt.asp）新建动态页，命名为 "productmanage.asp"。在页面中插入表格，并输入相关文字，当然这些内容只是图书的基本信息，如果需要查看详细信息时，可以通过为书名添加 "转到详细页面" 服务器行为来实现。页面设计如图 5-133 所示。

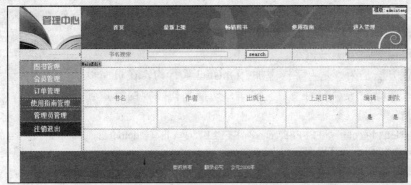

图 5-133　图书管理页面基本设计

（2）添加记录集并进行动态数据绑定。

在"服务器行为"面板中添加记录集"product"，在弹出的"记录集"对话框中，设置"名称"为"product"，"连接"为"conn"，"表格"为"product"，"列"为"全部"，"筛选"为"无"，"排序"为"adddate"|"降序"，如图 5-134 所示。

将记录集"product"的"name"、"author"、"mark"、"adddate"字段分别绑定在表格相应位置。

（3）添加"重复区域"服务器行为、"记录集导航条"和"记录集导航状态"服务器行为，这些行为的添加方法前面已经介绍过，设置完成后如图 5-135 所示。

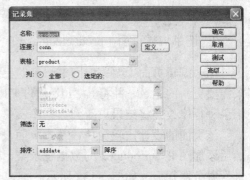

图 5-134　添加记录集

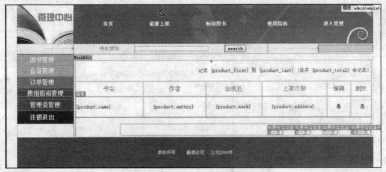

图 5-135　图书管理页面设置完成

（4）为"编辑"和"删除"添加链接。

在页面设计视图选中"编辑"所对应的"是"字样，为其添加链接"productedit.asp?proid=<%=(product.Fields.Item("id").Value)%>"，表示当单击"是"时，页面转到图书编辑页面"productedit.asp"，同时把图书 id 作为 URL 参数传递给"productedit.asp"，在该页面中对所选记录进行重新编辑。

在页面设计视图选中"删除"所对应的"是"字样，为其添加链接"delbook.asp?delproid=<%=(product.Fields.Item("id").Value)%>"，在"delbook.asp"页面中完成图书记录的删除操作。

另外，当删除图书记录时，还应该弹出让用户确认删除的提示信息，这里设置一个弹出信息框，如图 5-136 所示。当单击"确定"按钮时，才可以删除该图书记录。

图 5-136　弹出信息框

具体设置方法是为"是"字样添加"OnClick"行为。在页面设计视图选中"删除"所对应的"是"字样，切换到代码视图，找到如下代码

```
<td align="left" bgcolor="#FFFFFF" class="STYLE7"><a href="delbook.asp?delproid=<%=(product.Fields.Item("id").Value)%>" class="STYLE7" >是</a></td>
```

在">是"之前插入代码。

```
onclick="return confirm('确定删除吗？')"
```

这样，当进行删除操作时，首先执行 OnClick 事件，然后执行超级链接，若 OnClick 被取消了，删除操作也就被取消了。

至此，图书管理页面"productmanage.asp"全部设置完成，可以按 F12 键浏览该页面。

2. 图书编辑页面（productedit.asp）

图书编辑页面主要完成图书记录的更新操作。在图书管理页面"productmanage"选择某条需要更新的记录，并将其"id"通过 URL 参数传递到图书编辑页面。在图书编辑页面对该记录进行修改并将结果更新到数据库表中。

该页面的设计比较简单，基本页面设计与图书添加页面"productinsert.asp"基本相同；然后添加图书"product"的数据记录集，并进行相应的动态数据绑定；最后，添加"更新记录"服务器行为，如图 5-137 所示。

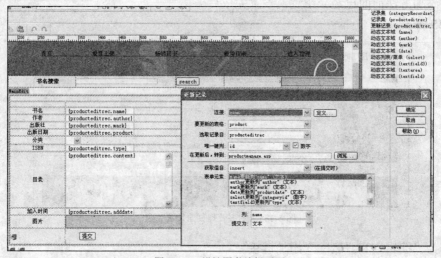

图 5-137　设计图书编辑页面

3. 图书删除功能页面（delbook.asp）

图书删除功能页面主要实现图书记录的删除，并且把记录字段"pic"对应的文件从服务器"bookimages"文件夹上删除。

新建一个"ASP VBScript"动态页，命名为"delbook.asp"。切换到"代码"视图，将文件内容全部删除，然后输入如下代码。

```
<%@LANGUAGE="VBSCRIPT" CODEPAGE="935"%>
<!--#include file="Connections/conn.asp" -->
<%
set con=Server.CreateObject("ADODB.Connection")
con.open=MM_conn_STRING
strId =   Request.QueryString("delproid")
sqlres="select pic from product where    id=" + strId
set rs=con.execute(sqlres)
pic=rs("pic")
physicalpath=server.mappath(pic)
set myfileobject=server.createobject("scripting.filesystemobject")
if myfileobject.FileExists(physicalpath) then
myfileobject.deletefile physicalpath
end if
set myfileobject=nothing
strSQL = "DELETE FROM product WHERE id=" + strId
con.execute strSQL
Response.redirect("productmanage.asp")
%>
```

代码说明具体如下。

（1）代码"set con=Server.CreateObject("ADODB.Connection")   con.open=MM_conn_STRING"表示创建数据库连接。

（2）代码"strId =   Request.QueryString("delproid")"表示获取上一页面传递过来图书"id"，并将其存储到变量"strId"中。

（3）代码段

```
                    sqlres="select pic from product where    id=" + strId
                    set rs=con.execute(sqlres)
                    pic=rs("pic")
                    physicalpath=server.mappath(pic)
```

表示从数据表"product"中获取 id 为"strId"的图书记录，并保存其"pic"字段，即图片在 Web 服务器上的虚拟路径保存到"pic"中，然后通过调用 server.mappath(pic)获得虚拟路径相对应的物理文件路径。

（4）代码"set myfileobject=server.createobject("scripting.filesystemobject")"表示建立了 FSO 组件对象。

（5）代码段如下。

```
if myfileobject.FileExists(physicalpath) then
myfileobject.deletefile physicalpath
end if
set myfileobject=nothing
```

这段代码表示使用 FileExists 方法判断文件是否存在，如果存在，则使用 deletefile 方法删除它。

（6）代码"strSQL = "DELETE FROM product WHERE id=" + strId   con.execute strSQL"表示删除数据表"product"中的相应记录。然后通过"Response.redirect("productmanage.asp")"语句将页面重新定向到"productmanage.asp"页面，显示所有的图书记录。

至此，图书管理模块的设计全部完成，设计的难点主要是实现文件上传以及文件的管理和删除操作，通过这部分内容的学习，要掌握合理运用 FSO 组件的方法。

5.7.5 其他管理模块简介

管理员后台管理模块除了包含以上节所介绍图书管理模块，还包含了会员管理模块、订单管理模块、使用指南管理模块以及管理员管理模块。这些模块的设计原理与图书管理模块是相同的，通过前面内容的学习，读者应该掌握了基本的网页设计方法，可以自己根据需求进行设计和实现。

具体实现的结果和代码请读者参阅本书配套光盘中的相关实例。

本 章 小 结

本章以"飞扬书城"网上书店系统为例，系统介绍了建立购物网站所需的数据库结构设计、页面执行流程和功能设计等内容。通过本章的实例，读者应该深刻理解各个页面间参数传递的机制，并掌握利用表单等各种手段在页面间及页面与数据库间进行参数传递的方法。购物网站的建立方法不是一成不变的，关键是要做好前期的准备工作，并设置好各个页面的功能和参数传递的逻辑关系，有兴趣的读者可以在此基础上，对网站功能进行扩展，以实现更好的功能。

习 题

一、填空题

1. 对数据表更新时，用到的 SQL 关键字是＿＿＿＿＿＿。

2. 通过 Dreamweaver 中的登录用户服务器行为登录时，通常情况下，会将用户的登录名存储到阶段变量＿＿＿＿＿中，所以用户登录后可以通过阶段变量获取用户的登录名，而不用访问数据库。

3. 在本系统中，以＿＿＿＿＿＿作为存储购物车的基本形式；＿＿＿＿＿＿则表示存储添加到购物车中图书的购买数量。

4. 对于网站的在线搜索模块至少分为两大部分构成：＿＿＿＿＿＿和＿＿＿＿＿＿。

二、选择题

1. 下列元素中，不能够传递参数的是＿＿＿＿＿＿。

A．文本字段 　　　　B．URL 参数 　　　　C．隐藏文本域 　　　　D．图片

2. 下列选项中，不属于服务器行为的是＿＿＿＿＿＿。

A．插入记录 　　　　B．绑定记录集 　　　　C．转到详细页面 　　　　D．移至特定记录

三、简答题

1. 简述通过 URL 来传递表单参数时页面间参数传递过程。

2. 简述使用无组件上传方法上传页面的主要过程。

3. 练习设计一个滚动新闻模块，新闻的内容由后台数据库来控制。

第6章　站点测试与发布

本章将介绍站点的测试、调试、上传与更新、宣传等内容。通过本章的学习，应掌握网站进行测试和调试的基本方法和技巧，掌握站点的上传和更新方法，学会利用各种方法来宣传网站。

6.1　测试和调试站点

网站在上传之前，首先应在本地网络进行测试和调试，包括页面间链接的测试与调试、服务器端应用程序的测试与调试、站点及页面的下载时间测试，代码的优化，在不同浏览器、操作系统、分辨率下的运行和显示测试等，以确保站点上传后运行正确。

6.1.1　测试简述

在测试站点前应先了解要从哪些方面着手，下面简单介绍测试时需考虑的问题。

（1）检查浏览器的兼容性。确保页面在目标浏览器中能够如预期工作，并确保这些页面在其他浏览器中工作正常，或者"明确地拒绝工作"。

（2）检查浏览器。页面在不支持样式、层、插件或 JavaScript 的浏览器中应清晰可读且功能正常。对于在较早版本的浏览器中根本无法运行的页面，应考虑使用"检查浏览器"行为，自动将访问者重定向到其他页面。

（3）在浏览器中预览和测试页面。应尽可能多地在不同的浏览器和平台上预览页面，以便能有机会查看布局、颜色、字体大小和默认浏览器窗口大小等方面的区别，这些区别在目标浏览器检查中是无法预见的。

（4）检查站内链接。检查站点是否有断开的链接，并修复断开的链接，由于其他站点也在重新设计、重新组织，所以用户所链接的页面可能已被移动或删除。可运行链接检查报告对链接进行测试。

（5）设置下载时间和大小。监测页面的文件大小以及下载这些页面所占用的时间。

用户连接到 Web 应用系统的速度根据上网方式而变化，或许是电话拨号，或是宽带上网。当下载一个程序时，用户可以等较长的时间，但如果仅仅访问一个页面就不应该这样。如果Web 系统响应时间太长（如超过 5s），用户就会因没有耐心等待而离开。

另外，有些页面有超时的限制，如果响应速度太慢，用户可能还没来得及浏览内容，就需要重新登录。而且，连接速度太慢，还可能引起数据丢失，使用户得不到真实的页面。

对于由大型表格组成的页面，在某些浏览器中，在整张表完全载入之前，访问者将什么也看不到。应考虑将大型表格分为几部分，如果不能这样做，应考虑将少量内容（如欢迎词或广告横幅）放在表格以外的页面顶部，这样用户可以在下载表格的同时查看这些内容。

（6）运行站点报告。运行一些站点报告来测试并解决整个站点的问题。可以检查整个站点是否存在问题，例如，无标题文档、空标签以及冗余的嵌套标签等。

（7）验证代码，以定位标签或语法错误。检查代码中是否存在标签或语法错误。

（8）发布后期工作。在完成对大部分站点的大部分发布以后，应继续对站点进行更新和维护。站点的发布可以通过多种方式完成，而且是一个持续的过程。

6.1.2　检查和修复超级链接

在 Dreamweaver 8 的编辑平台下，可以通过站点地图以图形化的方式查看整个网站页面间的链接关系，根据需要添加、修改和删除链接，然后通过链接检查和修复工具对网站中某个文档或整个站点进行测试并修复错误链接。

要使用站点地图浏览网站链接结构之前，必须首先定义站点的首页，具体步骤如下。

（1）选择菜单“站点”|“管理站点”命令，弹出“管理站点”对话框。

（2）在列表中选中“myeb”，即所要测试的站点，单击“编辑”按钮，打开“myeb 站点定义为”对话框。

（3）单击“高级”选项卡，在“分类”列表框中选择“站点地图布局”选项，如图 6-1所示，将“index.asp”作为站点主页。

在面板组中打开“文件”面板，打开“文件”选项卡，在右侧的列表框中选择“地图视图”。这是“站点导航”下将显示出“myeb”网站的链接结构，以“index.asp”为起始页面，如图 6-2 所示。页前面有“+”号的可以将其展开查看其下方的子页面结构。

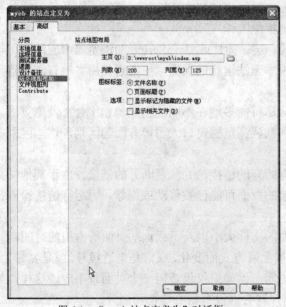

图 6-1　“myeb 站点定义为”对话框

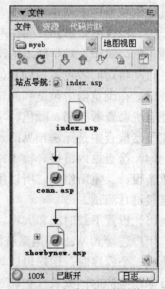

图 6-2　查看站点链接结构

在文档编辑器底部展开“结果”面板，单击“链接检查器”选项卡，如图 6-3 所示。可以通过该选项卡检查并修复站点的链接。

图 6-3　"链接检查器"选项卡

在图 6-3 所示的"链接检查器"选项卡中，在"显示"下拉列表选择"断掉的链接"，单击对话框左上角的按钮 ▶，在弹出的菜单中如果选择"检查当前文档中的链接"，系统对当前网页的所有连接进行检查，并显示检查结果；如果选择"检查整个当前本地站点的链接"，系统将对整个站点进行检查，并在下部的列表框中显示检查结果。图 6-3 所示的是对整个站点链接进行检查的结果。

要修复某个已经断掉的链接，可将鼠标指针指向相应的文件，双击即可在文档编辑器中打开该网页文档，找到该链接的文字或图片，然后在"链接检查器"选项卡中选择该断掉的链接，重新输入链接路径即可。

对整个站点连接结构进行检查后，可在"显示"下拉列表中选择"孤立文件"，下方将显示站点的所有孤立文件，如图 6-4 所示。孤立文件是没有用途的文件，它只会增加站点的体积。选中所显示孤立文件，按 Delete 键可以将它们删除。

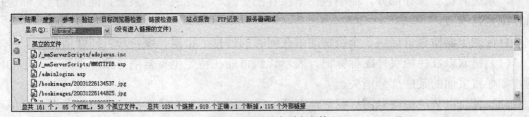

图 6-4　显示站点孤立文件

在 Dreamweaver 设计视图中链接是不活动的，即无法在文档窗口中单击链接打开该链接所指向的文档。若要在 Dreamweaver 编辑文档中打开链接的文档，可执行下列任意操作。

（1）选择文档中的链接后选择菜单"修改"|"打开链接页面"命令。

（2）右击链接从弹出的快捷菜单中选择"打开链接页面"命令。

（3）选择文档中的链接，按住 Crtl 键不放，然后双击选择的链接。

6.1.3　检查浏览器的兼容性

在制作网页时先要确定浏览站点的用户可能使用的浏览器。如果大多数用户使用 Netscape 4 浏览器，应该避免使用此浏览器所不支持的标签。

"检查目标浏览器"功能对文档中的代码进行了测试，检查是否存在目标浏览器所不支持的任何标签、属性、CSS 属性和 CSS 值，此检查对文档不作任何方式的更改。

默认情况下，每当打开一个文档时，Dreamweaver 自动执行目标浏览器检查。可在文档、文件夹或整个站点上运行手动目标浏览器检查。

选择菜单"窗口"|"结果"命令，弹出"结果"面板，单击"目标浏览器检查"选项卡，如图 6-5 所示。

文件	行	描述
index.asp	49	不支持 HTML 标签的 xmlns 属性，但这并无负面影响。[Netscape Navigator 6.0, Netscape Navigator 7.0]
index.asp	182	不支持将"9"值用于 CSS 属性 font-size [Microsoft Internet Explorer 5.0, Microsoft Internet Explorer 5.5, Microsoft Internet Explorer 6...
index.asp	232	height 标签的 TABLE 属性不被支持。[Netscape Navigator 7.0]
index.asp	234	不支持 scope 属性，但这并无负面影响。[Microsoft Internet Explorer 5.0, Microsoft Internet Explorer 5.5, Microsoft Internet Explorer 6...
index.asp	235	不支持 scope 属性，但这并无负面影响。[Microsoft Internet Explorer 5.0, Microsoft Internet Explorer 5.5, Microsoft Internet Explorer 6...
index.asp	236	不支持 scope 属性，但这并无负面影响。[Microsoft Internet Explorer 5.0, Microsoft Internet Explorer 5.5, Microsoft Internet Explorer 6...

图 6-5　显示检查结果

默认状态下使用的目标浏览器为 Microsoft Internet Explorer 5.0 或 Netscape Navigator 6.0，如果用户要更改目标浏览器，可在"目标浏览器检查"选项卡中单击按钮 ▶，从弹出的菜单中选择"设置"命令，弹出"目标浏览器"对话框，如图 6-6 所示。在该对话框中，用户可以自由设置目标浏览器，设置完毕后单击"确定"按钮即可。

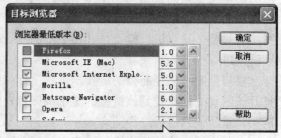

图 6-6　"目标浏览器"对话框

用户对某文件进行修改操作后，想要对其进行目标浏览器检查操作，必须先保存该文件；否则，系统只检查保存部分，而不包括未保存的更改。除此之外，系统只能对本地文件进行目标浏览器检查。

目标浏览器检查可提供 3 个级别的潜在问题的信息：错误、警告和告知性信息。

（1）错误以红色惊叹号图标标记，表示代码可能在特定浏览器中导致严重的、可见的问题，如导致页面的某些部分消失。

（2）警告以黄色惊叹号图标标记，表示一段代码将不能在特定浏览器中正确显示，但不会导致任何严重的显示问题。

（3）告知性信息以文字气球图标标记，表示代码在特定浏览器中不受支持，但没有可见的影响。例如，img 标签的 galleryimg 属性在一些浏览器中不受支持，但那些浏览器会忽略该属性，所以它不会有任何可见的影响。

6.1.4　在浏览器中预览和测试页面

大多数情况下，如果用户的浏览器已安装了必需的插件或 ActiveX 控件，则与浏览器相关的所有功能，包括 JavaScript 行为、文档相对链接和绝对链接、ActiveX 控件和 Netscape Navigator 插件等都会起作用。在设计网站的过程中，应用浏览器预览和测试页面，可随时发现问题随时修改，避免加重后期的测试、修改工作。

1. 在浏览器中预览文档

若要在浏览器中预览文档，可执行下列任意操作。

（1）选择菜单"文件"｜"在浏览器中预览"命令，然后从其子菜单中选择一个浏览器预览当前文档。如果尚未选择浏览器，可在"首选参数"对话框中进行设置。

（2）按 F12 键在主浏览器中预览当前文档。

（3）按 Ctrl＋F12 组合键可在次浏览器中预览当前文档。

如果要在浏览器中测试页面，只需单击链接进行测试即可。

2．设置预览首选参数

Dreamweaver 中最多允许定义 20 个用于预览的浏览器。建议最好在 Internet Explorer 6.0、Netscape Navigator 7.0 和仅用于 Macintosh 的 Safari 浏览器中进行预览。

若要设置或更改主浏览器或次浏览器的参数选择，选择菜单"编辑"|"首选参数"命令，弹出"首选参数"对话框，从"分类"列表框中选择"在浏览器中预览"选项，切换至相应的选项卡，如图 6-7 所示。在右侧的选项中设置主浏览器或次浏览器后，单击"确定"按钮。

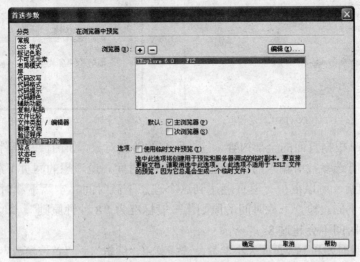

图 6-7　"在浏览器中预览"选项卡

"在浏览器中预览"选项卡中各选项功能说明如下。

（1）"浏览器"列表框：显示浏览器名称。若要向列表框中添加浏览器，可单击添加按钮，在弹出的"添加浏览器"对话框中选择所需的浏览器，新浏览器的名称将出现在列表中；若要在列表框中删除浏览器，可选择要删除的浏览器，然后单击移除按钮，浏览器名称从列表中消失；若要更改选定浏览器的设置，可单击"编辑"按钮，在弹出的"编辑浏览器"对话框中进行更改。

（2）"默认"选项组：指定所选浏览器是主浏览器还是次浏览器。按 F12 键可打开主浏览器；按<Ctrl+F12>组合键可打开次浏览器。

（3）"选项"复选框：可为预览和服务器调试创建临时复制。如果要直接更新文档，可取消选中"使用临时文件预览"复选框。

6.1.5　程序代码优化与下载时间测试

利用 Dreamweaver 8 的可视化工具，可以轻松创建交互式数据库网站，而不必亲自编写 ASP 应用程序代码。但在设计过程中，由于反复修改及其他因素，系统会自动产生一系列垃圾代码，这些冗余代码和错误代码不仅增加了网页体积，降低了页面浏览速度，严重情况下可能导致页面运行错误。

Dreamweaver 8 提供了整理和优化系统代码的工具，可以最大程度地降低冗余度，提高代码质量。打开需要整理和优化的页面文件，选择菜单"命令"|"套用源格式"命令，就可以对该页面文档代码进行整理。选择菜单"命令"|"清理 XHTML"命令，打开"清理HTML/XHTML"对话框，选择默认设置，如图 6-8 所示，单击"确定"按钮，即可对页面代码进行优化，将冗余标签删除，增强页面代码的可读性，页面代码优化完成后，系统将显示优化结果，如图 6-9 所示。

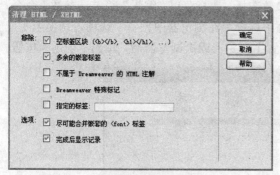

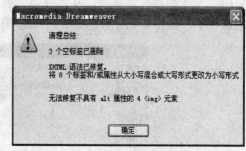

图 6-8　"清理 HTML/XHTML"对话框　　　　　　　图 6-9　优化结果

Dreamweaver 根据页面的全部内容，包括所有的链接对象，如图像和插件等来计算大小，根据"状态栏"首选参数中输入的连接速度估计下载时间。最理想的网页下载时间为 1s，因为网络的各种因素，所以很少有网页能达到这个理想下载时间。实际下载时间也因 Internet 条件不同而有所不同。检查下载时间的原则，一般标准为"8 秒钟原则"，即大多数用户等待载入一个页面的时间不会超过 8s。

若要设置下载时间和下载页面大小参数，选择菜单"编辑"|"首选参数"命令，打开"首选参数"对话框，从"分类"列表框中选择"状态栏"选项，切换到相应的选项卡，如图 6-10 所示。然后从"窗口大小"列表框中选择用于计算下载时间的链接速度，设置后单击"确定"按钮。

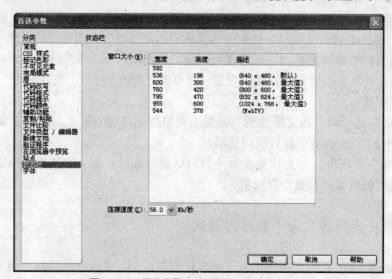

图 6-10　"首选参数"对话框的"状态栏"选项

"状态栏"选项卡中各选项功能说明如下。

（1）"窗口大小"列表框：使用户可以自定义出现在状态栏弹出菜单中的窗口大小。

（2）"连接速度"下拉列表框：确定用以计算下载大小的连接速度（以 KB／s 为单位）。页面的下载大小显示在状态栏中，当在文档窗口中选定一个图像时，图像的下载大小显示在属性检查器中。

6.1.6　检查插件

随着网络的飞速发展，网络用户人数越来越多，网络越来越拥挤。为了加快网页浏览速度，在网页中应尽量少用大图片和复杂的动画，而尽可能应用 Flash 制作的动画，其优点是体积小，但是它的缺点是需要 Flash 浏览器的支持才能播放。

制作一个网站应充分考虑到用户使用的便捷性，如网页中插入了 Flash 动画，应自动查找用户是否安装了 Flash 浏览器，查找到后自动播放 Flash 动画，未找到就提示用户安装 Flash 浏览器。而应用"检查插件"行为即可完成该功能。

打开需要添加"检查插件"行为的网页文件，如"index.asp"，将光标置于网页空白位置处，然后单击"行为"面板中的"添加行为"按钮，从弹出的菜单中选择"检查插件"命令，打开"检查插件"对话框，设置好链接，如图 6-11 所示。

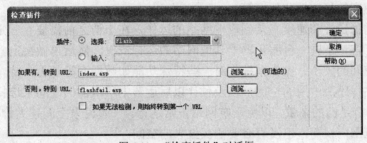

图 6-11　"检查插件"对话框

其中各选项设置说明如下。

（1）"插件"选项组：选择要检测哪种插件，检查插件动作不只是检测 Hash 插件，还可以检测其他插件。

① "选择"单选按钮：选择它提供的几种插件选项，一般常用的有 Hash、Shockwave、LiveAudio、Quick Time 和 Windows Media Player 等。

② "输入"单选按钮：直接输入"选择"下拉列表框中没有列出的插件，一般较少使用。

（2）"如果有，转到 URL"文本框：为具有该插件的访问者指定一个 URL。如果指定一个远程 URL，则必须在地址中包括 http:∥前缀。若要让具有该插件的访问者留在同一页面上，可将此文本框置空。

（3）"否则，转到 URL"文本框：为不具有该插件的访问者指定一个替代 URL。若要让不具有该插件的访问者留在同一页上，可将此文本框置空。

（4）"如果无法检测，则始终转到第一个 URL"复选框：此复选框一般不要选择，它的作用是如果不能进行插件检查就进入第一个页面。

注意，触发检查插件行为的事件应为 onLoad，添加行为后若事件不是 onLoad 应进行修改，否则网页就不具有自动检测 Flash 浏览器的功能。

如果用户在一个网页中添加了多个不同的插件，如 Flash 和 Shockwave 插件，要求进入网页时自动检测这些插件，只需在网页中再添加一个"检查插件"行为，只是在操作时应将参数改为 Shockwave 插件。

6.2 站点的上传与更新

6.2.1 申请网站空间

网站建成之后，首先需要向网站空间服务商申请一个网站空间，将建好的网站上传之后才能使其对公众发布，让其他人能够访问到网站的内容，在选择网站空间和网站空间服务商时，主要应考虑的因素包括。

（1）网站空间服务商的专业水平和服务质量。

这是选择网站空间的第一要素，如果选择了质量比较低的空间服务商，很可能会在网站运营中遇到各种问题，甚至经常出现网站无法正常访问的情况，或者遇到问题时很难得到及时的解决，这样都会严重影响到网站的运行和维护工作的开展。所以，在申请网站空间时还应考虑服务的水平和质量。

（2）网站空间的稳定性和速度等。

网站空间的稳定性和速度直接到影响网站的运作，在申请之前需要有一定的了解，如果可能，可以先了解一下同一台服务器上其他网站的运行情况，然后再做决定。

（3）网络空间的大小、操作系统、对一些特殊功能如数据库等是否支持。

可根据网站程序所占用的空间，以及预计以后运营中所增加的空间来选择申请的网站空间大小，应该留有足够的余量，以免影响网站正常运行。一般说来空间越大价格也相应较高，因此需在一定范围内权衡，也没有必要购买过大的空间。

同时网站空间可能有多种不同的配置，如操作系统和数据库配置等，这就需要根据自己网站的功能和要求来进行选择，如本书中开发的网上书店系统采用了 ASP 技术，那么申请的网络空间就需要支持 ASP 技术，否则网上书店系统就无法正常运行。因此，在申请网站空间之前，应该详细了解其相关配置，以判断是否适应自己开发的网站的需要。

（4）网站空间的价格。

现在提供网站空间服务的服务商很多，质量和服务也千差万别，价格同样有很大差异。一般来说，著名的大型服务商的价格要贵一些，而一些小型公司可能价格比较便宜，同时也存在一些免费的网络空间，用户可根据网站的重要程度来选择。

6.2.2 上传站点

网站空间申请之后，就要把用户的网站上传到 Internet 服务器，Dreamweaver 提供了多种上传方式，一般情况下使用 FTP 的方式上传网站。

1. 设置本地服务器地址

在上传站点前应先对站点的远程信息进行设置，选择菜单"站点"｜"管理站点"命令，弹出"管理站点"对话框。从列表框中选择要上传的站点，然后单击"编辑"按钮，打开站点定义对话框的"高级"选项卡，选择"分类"列表框中的"远程信息"选项，从相应选项页的

"访问"下拉列表框中选择 FTP 选项。然后在下面的选项中进行相关设置，如图 6-12 所示。

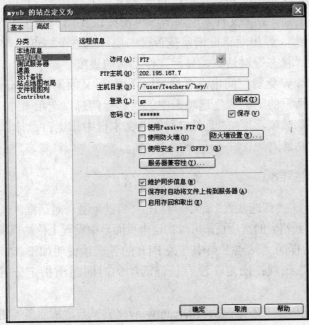

图 6-12 设置远程站点

这些设置是在申请网站空间时由服务器供应者提供的 FTP 相关信息，设置完成后不要直接单击"确定"按钮，退出"远程信息"设置。应该先单击"测试"按钮。测试一下链接是否正常，如果连接成功则表示设置无误，此时再单击"确定"按钮退出"远程信息"设置。

2. 修改数据库连接

打开"Connection\conn.asp"，即数据库连接文件，将"MM_conn_STRING"所在行的代码修改为

MM_conn_STRING = "Provider=Microsoft.Jet.OLEDB.4.0; Data Source="&Server.Mappath("database/bookshop.mdb")

上述代码是使用 Server 对象的 Mappath 方法将数据库文件 bookshop.mdb 的相对路径或虚拟路径映射到服务器上相应的物理路径。

有关 Server.Mappath 的常见用法如下。

（1）Server.MapPath("/") 应用程序根目录所在的位置，如 C: \Inetpub\wwwroot\。

（2）Server.MapPath("./") 表示所在页面的当前目录。

（3）Server.MapPath("../")表示上一级目录。

如果上传到远程服务器时，建议不采用"/"路径，因为采用"/"的时候的路径显示就是本站的根目录，如本站数据库文件地址显示的是"D: \wwwroot\myeb\ database/bookshop.mdb"，这显然与服务器上数据库文件的实际物理路径不相符，所以一般最好不采用"/"，当采用另两种方法时就要注意 conn.asp 文件和数据库文件的相对路径。

3. 上传站点

如果是第一次上传网站，在"文件"面板的远程文件列表中是没有文件的。单击站点管

理窗口的"连接/断开"按钮 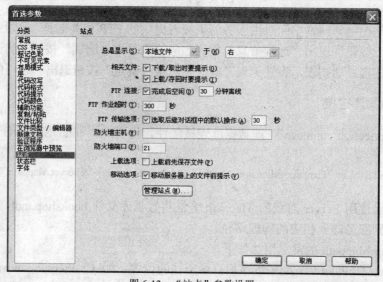，Dreamweaver 会自动与远程服务器连接。当此按钮变为 时，表示登录成功，再次单击此按钮，可以断开 FTP 服务连接。

搜索到远程服务器后，在"文件"选项卡下单击按钮 ，可以展开显示本地文件和远端站点，单击上传按钮 ，弹出对话框询问是否真的要传送整个站点，单击"确定"按钮开始上传，同时可以通过"状态"对话框，显示文件上传的进度。

如果没有申请 WWW 免费空间也没有局域网环境，但又须测试 Dreamweaver 的上传功能，则可以从定义站点对话框的"高级"选项卡中的"远程信息"选项页中选择"访问"下拉列表框中的"本地/网络"选项，并在"远端文件夹"文本框中指定自己计算机中的一个文件夹，同样也可以实现上传功能。

4. 设置"站点"参数

选择菜单"编辑" | "首选参数"命令，打开 "首选参数"对话框，选择"分类"列表框中的"站点"选项，切换到相应的选项页，可以在这个页面当中设置上传站点参数，如图 6-13 所示。

"首选参数"对话框的"站点"类中有关 FTP 的各选项说明如下。

（1）"FTP 连接"选项：确定在没有任何活动的时间超出指定分钟数后，是否终止与远程站点的连接。

（2）"FTP 作此超时"文本框：指定 Dreamweaver 尝试与远程服务器进行连接所用的秒数。

图 6-13 "站点"参数设置

（3）"FTP 传输选项"选项：确定在文件传输过程中显示对话框时，如果经过指定的秒数用户没有响应，Dreamweaver 是否选择默认选项。

（4）"防火墙主机"文本框：指定在防火墙后面时与外部服务器连接所使用的代理服务器的地址。如果不在防火墙后，则此项留空不填；如果位于防火墙后，则在站点定义对话框的"高级"选项卡中选中"使用防火墙"复选框。

（5）"防火墙端口"文本框：指定通过防火墙中的哪个端口与远程服务器相连。如果不使用端口 21（FTP 的默认端口）进行连接，则需要在此处输入端口号。

（6）"上载选项"复选框：指示在将文件上载到远程站点前自动保存未保存的文件。

6.2.3 站点的同步更新

网站发布以后，内容不可能一成不变，可以在本地编辑网页，然后采用同步更新的方法更新某一个网页，也可以更新整个站点，具体方法如下。

（1）在 Dreamweaver 8 中打开"myeb"站点，选择菜单"站点"｜"同步站点范围"命令，打开如图 6-14 所示的"同步文件"对话框。

（2）在"同步"下拉列表框中选择"整个'myeb'站点"，在"方向"下拉列表框中选择"放置较新的文件到远程"。如果选中"删除本地驱动器上没有的远端文件"复选框，Dreamweaver 8 就会自动删除"远程站点"和"本地站点"中没有对应的任何文件。设置完毕后单击"预览"按钮，打开预览后的"同步"对话框，如图 6-15 所示。

图 6-14 "同步文件"对话框

图 6-15 "同步"对话框

（3）在该对话框中，可以确定需要删除、上传或下载的文件，单击"确定"按钮，系统将自动对远端站点进行更新。

（4）如果要删除远程站点或本地站点的文件，可以直接在站点窗口中进行。右击选择一个文件后，在弹出的快捷菜单中选择"编辑"｜"删除"命令即可，如图 6-16 所示。

图 6-16 删除远程站点或本地站点的文件

6.2.4　从远端站点获取文件

对站点内容进行更新时，也可以从远端站点获取要进行修改的文件，然后在本地进行编辑后再上传到远端站点。如果只有一个人在远程服务器上负责网站日常维护，则使用"上传"和"获取"方式；如果是协同多人负责维护时，就要考虑冲突的问题，即当多人同时打开同一网页进行编辑时，维护结果以谁为准的问题，理想的情况应该是当一个人进行网页编辑时，别人无法打开此网页，Dreamweaver 中提供了"存回"和"取出"方式可实现该功能。

1. 设置"存回"和"取出"方式

"存回"文件是指文件可被其他网页维护者取出和编辑。这时本地版本将成为只读文件，以避免他人在取出文件时本人去修改该文件。

"取出"是指文件的权限归属本地设计者所有，本地设计者可以对它进行编辑和修改，该文件对其他维护者是只读的。当文件被标识为取出时，Dreamweaver 将在站点窗口中该文件图标后面设置一个标记，如果标记显示为绿色，表示文件被本地设计者取出，如果标记显示为红色，表示文件被其他人取出。取出文件的用户名将显示在站点窗口中。

简单地说，取出文件相当于声明"我现在正在处理该文件，请不要动它！"，存回文件则使文件可供其他小组成员取出和编辑。

在使用存回、取出功能之前，必须先将本地站点与远程服务器相关联，方法是展开"文件"面板，双击"显示"下拉列表框，从中选择"管理站点"选项，弹出"管理站点"对话框，从列表框中选择站点名称后，单击"编辑"按钮，打开站点定义对话框的"高级"选项卡，从"分类"列表框中选择"远程信息"选项。然后选择"访问"下拉列表框中的"FTP"选项，其他选项用户可根据需要进行设置，最主要的是一定选中"启用存回和取出"复选框，如图 6-17 所示。在"取出名称"和"电子邮件地址"文本框中输入相关内容后，单由"确定"按钮，返回"管理站点"对话框，单击"完成"按钮，在"站点"窗

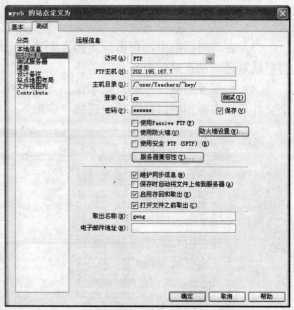

图 6-17　设置"启用存回和取出"复选框

口将出现"存回文件"与"取出文件"按钮，接下来就可以利用这两个按钮进行存回或取出文件的操作。

选择"启用存回和取出"复选框后展开的各选项功能说明如下。

（1）"打开文件之前取出"复选框：若想通过双击打开文件时自动取出这些文件，可选择该选项。

（2）"取出名称"文本框：取出名称显示在"文件"面板中已取出文件的旁边，可方便小组成员在需要获取已被取出文件时可以和相关的人员联系。如果用户要在几台不同的计算

机上独自工作，最好在每台计算机上使用不同的取出名称，这样，当用户忘记存回文件时，可得知该文件最新版本的位置。

（3）"电子邮件地址"文本框：如果输入了电子邮件地址，然后取出某个文件，则在"文件"面板中用户的名称以链接（蓝色并带下画线）的形式显示在该文件旁边。如果某个小组成员单击该链接，则其默认的电子邮件程序将打开一个新邮件。

2．使用"存回"和"取出"功能

（1）从远端文件夹中取出。

若要使用"文件"面板从远程文件夹中取出文件，应先在"文件"面板中选中要从远端服务器取出的文件，然后单击"文件"面板工具栏上的"取出"按钮，或右击要取出的文件从弹出的快捷菜单中选择"取出"命令，弹出"相关文件"对话框。对话框询问用户是否要将相关的文件也取出，单击"是"按钮，将相关文件随选定文件一起下载；单击"否"按钮，则禁止下载相关文件。执行"取出"操作后，在文件旁边后显示一个绿色复选标记，表示用户自己取出文件。

如果取出了一个文件，然后决定不对它进行编辑或者决定放弃所做的更改，则可以撤销取出操作，文件会返回到原来的状态。该文件的本地副本成为只读文件，对该文件所做的任何更改都会丢失。

若要撤销文件取出，可右击"文件"面板并选择要撤销取出的文件，从弹出的快捷菜单中选择"撤消取出"命令，或是在"文档"窗口中打开文件，选择菜单"站点"|"撤消取出"命令。

（2）将文件存回远端文件夹。

若要使用"文件"面板将文件存回远端文件夹，应先在"文件"面板中选择取出的或新的文件，然后单击"文件"面板中的"存回文件"按钮，或右击要存回的文件从弹出的快捷菜单中选择"存回"命令，打开"相关文件"对话框，询问用户是否要将相关的文件也存回。建议用户单击"是"按钮，将相关文件随选定文件一起上传，以便远端文件夹中的文件保持最新状态。执行"存回"操作后，在文件旁边后显示一个锁形符号。

存回后的义件属性为只读，所以自动更新功能会失效，例如，网页如果套用模板或加入库的组件，则当模板或库内容已经修改时，只读状态下的网页文件无法自动进行更新。解决此问题的方法是解除文件的只读属性。操作方法为选择只读文件，右击该文件并从弹出的快捷菜单中选择"消除只读属性"命令。

如果当前文件处于打开状态则可以应用"文档"窗口进行存回或取出文件操作。若要从"文档"窗口存回或取出打开的文件，可选择菜单"站点"|"存回"（或"取出"）命令，或单击"文档"窗口工具栏中的"文件管理"图标，从弹出的快捷菜单中选择"存回"或"取出"命令。

6.3　网站的推广

Internet 上的网站很多，如何提高网站的访问流量，使浏览者快速找到自己的网站，提高知名度，是网站宣传所要解决的问题。常用的推广宣传手段有注册搜索引擎、友情链接、网站广告、BBS 论坛、电子邮件推广等。

6.3.1　注册搜索引擎

网络搜索引擎一般有两种：一种是对数据库中关键字的搜索，一种是对网页 META 关键字的搜索。如果让大型搜索引擎搜索到自己的网页，最好的方法就是到该网站注册，让自己的网页信息在该网站的数据库中占有一席之地。

国外的网站，如雅虎（http: //www.yahoo.com），雅虎具有目前最大、最优秀的搜索引擎之一，它的收录和搜索也最有特点。

国内的网站，如新浪（http: //www.slna.com.on）、搜狐（http: //www.sohu.com）以及网易（http: //www.netease.com）等网站。

在登记到搜索引擎时需要注意下面两个问题。

（1）提交含有文件名的 URL，而不是仅仅提交根网址。

（2）如果被搜索的排名比较靠后，那么就很难被访问到。这里需要提醒的是，一定要把握 Keywords（关键字）和 Description（简介）。要尽可能地让网页名词靠前，最好能在搜索结果页的首页中。

设计网站的关键字主要集中在 3 个方面：站点的网页标题、Meta 标签中的关键字和整个网站的关键词配置。

① 站点的网页标题：网页代码中<title>和</title>标签之间的部分，是搜索引擎找到网页的路径或招牌，搜索引擎在"冲浪者"键入关键字后，首先判断的便是网页标题是否与键入关键字相关联。网页标题要小而精，要尽可能用较少的词汇代表更丰富的信息，另外，为增加网站的搜索几率，可以将每个网页的标题做得各不相同，然后将每个页面都提交给搜索引擎，这样就会有多个被检测到的机会。

② Meta 标签的关键字：网页代码中<head>和</ head>标签之间的部分，由关键词和网页简述构成，为搜索引擎提供关于本站的描述关键字。简单地说，当搜索站点的搜索程序（Robots）搜索到网站时，会首先检查 Meta 所描述的关键字，然后把这些关键字加入到数据库中。所以，利用好 Meta 标签会让网站被搜索到的机会增加。

③ 整合网站的关键词配置：网站关键词的选择配置是十分重要的，其选择应尽可能站在检索者的角度且与网站内容相关，对于专业性质比较强的网站，不要使用非专业词作为关键字，另外，也不要将站点名称作为关键字，因为很少会有人知道一个新建的网站名。

登录到搜索引擎的方法有两种，手工登录和通过软件自动登录。通常有搜索引擎的网站都提供网站登录服务，用户根据服务的提示就可以进行搜索引擎的注册。如"搜狐"就在其首页设置了"网站登录"的超链接项，利用滚动条可以找到该链接，如图 6-18 所示。

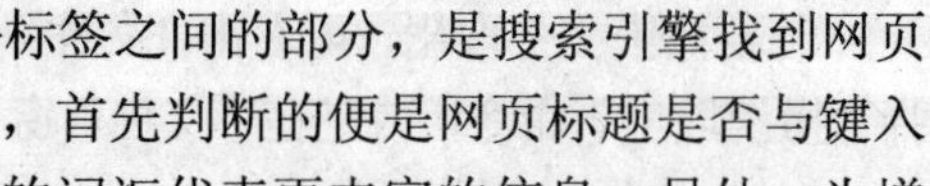

图 6-18　"网站登录"选项

单击链接进入网站登录页面，按照不同的网站推广需要，选择不同的登录类型以及付费方式，然后按照提示向导完成即可。当然用户也可在一些提供免费登录的搜索引擎上登录，方法与此相似，如果登录成功，搜索引擎会根据提交的联系信息通知用户。

要想手工登录到尽可能多的搜索引擎和链接，工作量将非常大，花费的时间也会很多，所以有了专门用于登录的软件，就会大大减少网站注册的工作量。这样的软件很多，如 Website Submitter、Rank Exec、GSA Auto SoftSubmit、登录奇兵等。下载安装软件以后按照向导填写登录需要的信息，然后进行登录即可。登录软件可以在很短时间内同时自动登录到多个知名的搜索引擎，可以无限次登录且登录速度快，具备详细的登录情况报告并可直接访问登录引擎查看登录的情况。如果上一次登录失败了，引擎还可以单独地补救登录，可以最大限度地提升网站的访问量。

6.3.2　利用 META 设置

除了在大型网站中的数据库中注册，还要注意自己网页中的 META 标签的使用。META 标签用来在 HTML 文档中模拟 HTTP 的响应头报文，位于网页的<head>与</head>中。META 标签的用处很多，其属性有 HTTP-EQUIV 和 NAME 两种。META 标签用以记录当前页面的一些重要信息，其属性介绍如下。

1．NAME 属性

META 标签的 NAME 属性的常用值如下。

（1）关键字（Keywords）。

说明：Keywords 用来告诉搜索引擎网页的关键字是什么，在 Content 中列出网页的关键字。

举例： <META NAME ＝ " keywords " CONTENT ＝ " life, universe, mankind, plants, relationships, the meaning of life, science " >。

（2）简介（Description）。

说明：Description 用来告诉搜索引擎网站的主要内容是什么，具体简介在 Content 中描述。

举例：<META NAME＝ " description " CONTENT＝ " This page is about Bookstore " >。

（3）自动向导（Robots）。

说明：Robots 用来说明哪些页面需要索引，哪些页面不需要索引。

举例： <META NAME＝ " robots " CONTENT＝ " all " >。

Content 的参数说明如下。

① 设定为 all：指文件将被检索且页面上的链接可以被查询，为默认值。

② 设定为 none：指文件将不被检索且页面上的链接不可以被查询。

③ 设定为 index：指文件将被检索。

④ 设定为 follow：指页面上的链接可以被查询。

⑤ 设定为 noindek：指文件将不被检索，但页面上的链接可以被查询。

⑥ 设定为 nofollow：指文件将不被检索，且页面上的链接不可以被查询。

（4）作者（Author）。

说明：Author 标注网页制作者或制作小组。

举例： <META name＝ " AUTHOR " content＝ " gx, gxcomehere@163.com " >。

（5）生成器（Generator）。

说明：Generator 用于说明生成工具（如 Dreamweaver 8）。

举例：<META name＝ " Generator "　content= " " >。

META 标签的 NAME 属性主要用于描述网页，对应于网页内容（Content），以便于搜索引擎机器人查找、分类。现在流行搜索引擎（如 Google，Lycos，AltaVista 等）的工作原理基本是由搜索引擎先派机器人自动在 WWW 上搜索，当发现新的网站时，便检索页面中的

Keywords（分类关键词）和 Description（站点在搜索引擎上的描述），并将其加入到自己的数据库，然后再根据关键词的密度将网站排序。所以，为了更好的推广自己的网站，就需要仔细设计相应的内容，同时应该给每一页加一个 META 值。

2. HTTP-EQUIV 属性

HTTP-EQUIV 用于向浏览器提供一些说明信息，从而可以根据这些说明做出响应。HTTP-EQUIV 其实并不仅仅只有说明网页的字符编码这一个作用，常用的 HTTP-EQUIV 类型还包括网页到期时间、默认的脚本语言、默认的风格页语言、网页自动刷新时间等。

（1）<META http-equiv= " Content-Type "　content= " text / html " ; charset＝gb 2312-80 " >和<META http-equiv= " Content-Language " conten= " zh-CN " ）：用以说明主页制作所使用的文字以及语言。如英文是 ISO-8859-1 字符集，此外还有 BIG5、utf-8、shift－Jis、Euc、Koi8－2 等字符集.

（2）<META　http-equiv= " Refresh " content= " n; url=http: //next.asp " ）：设置让网页在指定的时间 "n" 内，跳转到页面 "http: //next.asp"。

（3）<META http-equiv= " Expires "　content= " Mon, 12 May 2001 00: 20: 00 GMT " >：用于设定网页的到期时间，一旦过期则必须到服务器上重新调用。需要注意的是，必须使用 GMT 时间格式。

（4）<META http-equiv= " Pragma " content= " no-cache " >：用于设定禁止浏览器从本地机的缓存中调阅页面内容，设定后一旦离开网页就无法从 Cache 中再调出。

（5）<META http-equiv= " set-cookie " content= " Mon, 12 May 2001 00: 20: 00 GMT " >：设置 cookie 设定，如果网页过期存盘的 cookie 将被删除。需要注意的是，必须使用 GMT 时间格式。

（6）<META　http-equiv= " Pics-label " content= "　" >：设置网页等级评定。在 IE 的 Internet 选项中有一项内容设置，可以防止浏览一些受限制的网站，而网站的限制级别就是通过 META 属性来设置的。

（7）<META http-equiv= " windows-Target " content= " _top " >：强制页面在当前窗口中以独立页面显示，这样可以防止自己的网页被别人当作一个 Frame 页调用。

（8）<META http-equiv= " Page-Enter "　conten= " revealTrans（duration=20，transtion=50）" >和<META http-equiv= " Page-Exit "　conten= " revealTrans（duration=10，transtion=10）" >：用于设定进入和离开页面时的特殊效果。这个功能是 FrontPage 中的"格式 / 网页过渡"，不过所加的页面不能是一个 Frame 页面。

6.3.3　友情链接

友情链接主要是与自己站点内容相近、访问量相当的站点建立相互链接，或在各自站点上放置对方的 Logo 或网站名称，以扩大站点影响力。相对于搜索引擎，网站之间的友情链接能更有效地吸引访问者。

需要注意的是，网站间相互链接是建立在各自访问量相当的基础上的，另外，如果网站之间内容能够互补，效果会更好。如图 6-19（a）和图 6-19（b）所示，是天涯社区与 TOM 论坛之间的友情链接。

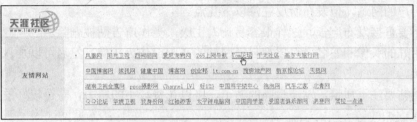

（a）天涯社区友情链接

（b）TOM 论坛友情链接
图 6-19　友情链接

6.3.4　网络广告

对于一些商业型网站，可以付费在门户网站或其他知名网站上发布广告。付费方式大致有两种：cpm 和 cpc。cpm 方式是指按照广告在他人网站上每显示一千次的付费；cpc 方式是按照广告在他人网站上每被单击一次的价格计费。常见的网站广告类型有：按键广告、弹出广告、旗帜广告等。

（1）按键广告：网络广告的最早形式，在网站上单击链接站点的标志或超级链接访问目标站点。

（2）弹出广告：当浏览者打开一个站点，系统会自动弹出一个窗口，该窗口显示目标站点的一些内容并提供指向目标站点的超级链接。不过这种方法目前也遭到部分浏览者非议，主要是出现频率过高，影像人们的正常阅读和信息的获取。

（3）旗帜广告：网络中比较常见和有效的宣传方式，主要是以 Gif 格式的静态或动态图片放置到站点的顶部、中部或底部，具有面积大、颜色丰富、动态和表达丰富的优点，如果具备交互性则效果会更好，如图 6-20 所示。

图 6-20　新浪网上的旗帜广告

6.3.5　其他宣传方法

1. BBS 论坛或新闻组中宣传

每天访问 BBS 或新闻群组的人很多，如果把网站简介发布到相关的讨论群组中，则可让读者了解用户的网站，但发布时要注意以下几点。

（1）不要直接发布广告，这样很容易让人生厌，当作广告贴被删除。

（2）用好的头像和签名，可以把自己网站的 Logo 作为头像，签名可以加入自己的网站简介和链接。

（3）发帖要注重质量，发质量高的帖子，可以花费较小的精力，获得较好的效果。

2. QQ 群发方式或电子邮件

QQ 在线人数达到数百万，如果网站内容热门，标题新颖可以采用 QQ 群发方式能够达到很好的效果。此外，也可以采用电子邮件群发方式宣传自己的网站，但要注意不要滥用，否则容易让人生厌，当作垃圾邮件删除，拒绝访问。

3. 赠与方式

如果网站支持 ASP 动态交互功能，可以在网站上放置计数器、留言板、万年历等实用工具的免费下载，这样下载代码的浏览者实际都是在免费为该网站做宣传。

宣传对于网站而言是非常重要的，但是网站设计人员应该知道一个站点的真正生命还是在于内容本身，如果内容枯燥，网站界面不友好，再怎样宣传都无济于事。因而应该不断地对网站内容进行更新，紧跟时代，界面也要不断改善，使其更加友好，这样才能够真正使网站越做越大。

本 章 小 结

通过本章的学习，读者应该掌握网站最基本的调试方法，能够处理网页运行所出现的一些常见错误，掌握网站上传、更新以及宣传的方法和手段。网站上传到 Internet 上，并不意味着结束，只有不断更新网站内容，改善界面，才能延长网站的生存期，提高知名度。另外，站点上传以后，还要对网站进行维护，防止恶意代码攻击，保证网站的正常运行。

习 题

一、填空题

1. 网站在上传之前，必须在本地进行_____和_____，以保证上传到 Internet 上以后能正常运行和显示。

2. _____是指文件可被其他网页维护者取出和编辑。_____是指文件的权限归属本地设计者所有，本地设计者可以对它进行编辑和修改。

3. 制作完毕后网站可以上传至 Internet 服务器，也可以上传至局域网，也可以在本地进行测试。如果要上传至服务器可以使用 FTP 访问方式，那要设置测试服务器应该使用_____方式。

4. 大部分用户在上网时，如果要搜索什么内容，都是先进入_____，在其中输入相应要搜索的内容，然后从搜索网页查找自己所需的网页。

5．网站常用的推广手段有_____、_____、_____、_____等。

二、选择题

1．如果取出了一个文件，决定不对它进行编辑或者决定放弃所做的更改，则应执行_____操作，文件会返回到原来的状态。

A．撤销取出　　　B．存回/取出　　　C．下载/上传　　　D．下载/存回

2．打开"结果"面板并切换至"链接检查器"面板，其中的"显示"下拉列表框中包含有 3 种可检查的链接类型，下面哪个选项不属于该下拉列表框_____。

A．断掉的链接　　B．外部链接　　　C．孤立文件　　　D．检查链接

3．在应用 FTP 上传网站时，默认状态下使用_____端口与远程服务器相连。

A．20　　　　　　B．21　　　　　　C．12　　　　　　D．02

4．要设置本地服务器地址，应在站点定义对话框"高级"选项卡中选择_____分类选项。

A．本地信息　　　B．远程信息　　　C．测试服务器　　D．站点地图布局

5．要使上传或下载文件时弹出提示对话框，应在"首选参数"对话框的_____分类选项中进行设置。

A．常规　　　　　B．辅助功能　　　C．站点　　　　　D．验证程序

6．如果没有申请 WWW 免费空间也没有局域网环境，仅想测试 Dreamweaver 的上传功能，应选择_____访问选项。

A．无　　　　　　B．FTP　　　　　C．本地/网络　　　D．RDS

三、简答题

1．简述如何设置下载时间和下载页面大小参数。

2．简述如何修复站点中的断链。

3．简述如何设置 META 标签。

4．简述站点宣传和推广的网络手段。

第 7 章　网站安全维护

本章将主要介绍网络安全的含义、威胁网络安全的因素、网络安全的关键技术、计算机系统安全与访问控制、数据库安全措施、保护网站资源等内容。通过本章的学习，读者应该掌握网站安全维护方面的基础知识和基本技能。

7.1　网络安全概述

随着社会信息化的迅速发展，计算机网络对安全的要求越来越高，尤其自 Internet 和 Intranet 应用发展以来，网络的安全已经涉及国家主权等许多重大问题。Internet 上的网站在为浏览者提供 FTP、WWW、E-mail 服务从而带来极大便利的同时，也因其公开访问性而带来网络安全等一系列问题。

7.1.1　网络安全的含义

网络安全是指通过各种计算机、网络、密码技术和信息安全技术，保护在公用通信网络中传输、交换和存储信息的机密性、完整性和真实性，并对信息的传播及内容具有控制能力。

网络安全包含了很多方面，主要有以下内容。

（1）运行系统安全，即保证信息处理和传输系统的安全，包括计算机系统机房环境的保护，法律、政策的保护，计算机结构设计上的安全性考虑，硬件系统的可靠安全运行，计算机操作系统和应用软件的安全，数据库系统的安全，电磁信息泄露的防护等。它侧重于保证系统正常的运行，避免因为系统的崩溃和损坏而对系统存储、处理和传输的信息造成破坏和损失，避免由于电磁泄露，产生信息泄露，干扰他人（或受他人干扰），本质上是保护系统的合法操作和正常运行。

（2）网络上系统信息的安全，包括用户口令鉴别、用户存取权限控制、数据存取权限、方式控制、安全审计、安全问题跟踪、计算机病毒防治和数据加密等。

（3）网络上信息传播的安全，即信息传播后的安全，包括信息过滤等。它侧重于防止和控制非法、有害的信息进行传播后的后果。避免公用通信网络上大量自由传输的信息失控。本质上是维护道德、法则或国家利益。

（4）网络上信息内容的安全，即狭义的"信息安全"。它侧重于保护信息的保密性、真实性和完整性。避免攻击者利用系统的安全漏洞进行窃听、冒充和诈骗等有损于合法用户的行为。本质上是保护用户的利益和隐私。

显而易见，网络安全与其所保护的信息对象有关。本质是在信息的安全期内保证其在网络上流动时或者静态存放时不被非授权用户非法访问，但授权用户却可以访问。显然，网络安全、信息安全和系统安全的研究领域是相互交叉和紧密相连的。在本章中网络安全主要是从保护网络用户的角度来进行讨论，是针对攻击和破译等人为因素造成的对网络安全的威胁。这里不涉及网络可靠性、信息的可控性、可用性和互操作性等领域。

7.1.2 网络安全的特征

网络安全应具有以下 5 个方面的特征。

（1）保密性，指信息不泄露给非授权的用户、实体或过程或供其利用的特性。

（2）完整性，指数据未经授权不能进行改变的特性，即信息在存储或传输过程中保持不被修改、不被破坏和丢失的特性，并且能够判别出数据是否已被篡改。

（3）可用性，指可被授权实体访问并按需求使用的特性，即当需要时应能存取所需的信息。网络环境下拒绝服务、破坏网络和有关系统的正常运行等都属于对可用性的攻击。得到授权的实体在需要时可访问数据，即攻击者不能占用所有的资源而阻碍授权者的工作，即服务不中断。

（4）可控性，指对信息的传播及内容具有控制能力，可以控制授权范围内的信息流向及行为方式。

（5）可审查性，对出现的网络安全问题提供调查的依据和手段。

7.1.3 计算机病毒与黑客攻击

计算机病毒是一种"计算机程序"，它不仅能破坏计算机系统，而且还能够传播、感染到其他系统。它通常隐藏在其他看起来无害的程序中，具有能够复制自身并将其插入到其他的程序中以执行恶意行为能力。

1. 计算机病毒的传播

计算机病毒通过某个入侵点进入系统来感染系统。最明显的也是最常见的入侵点是才从工作站传到软盘。在计算机网络系统中，可能的入侵点还包括服务器、E-mail 附件、BBS 上下载的文件、Web 站点、FTP 文件下载、共享网络文件及常规的网络通信、盗版软件、示范软件、计算机实验室和其他共享设备等。

病毒一旦进入系统以后，通常用以下两种方式传播。

（1）通过磁盘的关键区域。

（2）在可执行的文件中。

前者主要感染单个工作站，而后者是基于服务器的病毒繁殖的主要原因。

通常，软盘上的引导病毒能在计算机试图从被感染的软盘引导的时候进入系统。于是，引导病毒就去感染计算机硬盘的关键磁盘区域（引导扇区，分区表或主引导记录）。如果硬盘的引导扇区受到感染，病毒就把自己送到内存中，从而就会感染该计算机使用的所有软盘的引导扇区，每当用户相互交换软盘时，便形成了一种大规模的传播途径，更多的工作站会受到感染。

"多裂变"病毒是能够以文件病毒的方式传播，然后去感染引导扇区。它也能够通过软盘进行传播。可执行文件是服务器上最常见的传播源。对于网络系统中的其他的工作站来说，服务器是一个受感染的带菌者，是病毒的集散点。

（1）新的被病毒感染的文件被复制到文件服务器的卷上。

（2）与其相连的 PC 内存中的病毒感染了服务器上已有的文件。

服务器在网络系统中一直处于核心地位，因此，一旦文件服务器上的病毒已感染了某个关键文件，那么，该病毒对系统所造成的危害特别大。

2. 病毒防止软件产品

（1）金山毒霸杀毒软件。

网址：http://www.kingsoft.com/

特点：金山公司开发的产品，具有网页防毒、聊天防毒、邮件防毒、网页反钓鱼、下载防毒、办公防毒、定时查毒、垃圾邮件过滤、脱壳引擎、主动实时升级、主动漏洞修复、系统启动前抢先防毒、隐私保护、木马防火墙、历史痕迹清理、IE 插件控制、IE 修复功能、文件粉碎器、启动项清理、支持 64 位操作系统等功能。

（2）江民杀毒软件。

网址：http://www.jiangmin.com/

特点：无论是杀毒、查毒、防毒等方面，江民杀毒软件都表现出操作容易简单的特性，人性化的设计，实用的操作使用户更加放心。

（3）瑞星杀毒软件。

网址：http://www.rising.com.cn/

特点：国内较好的一款杀毒软件之一，提供了"文件、注册表、内存、网页、邮件发送、邮件接收、漏洞攻击、引导区"八大监控系统，给计算机提供完整全面的保护。具有未知病毒查杀技术，主动漏洞扫描、修补技术，专利数据修复技术，可疑文件定位，IP 跟踪技术，根除恶意软件、流氓软件，以及恶意程序、钓鱼网站拦截等技术。

（4）卡巴斯基杀毒软件。

网址：http://www.kaspersky.com.cn/

特点：卡巴斯基（Kaspersky）杀毒软件来源于俄罗斯，具有超强的中心管理和杀毒能力，提供了一个广泛的抗病毒解决方案。它强大的功能和局部灵活性以及网络管理工具为自动信息搜索、中央安装和病毒防护控制提供最大的便利和最少的时间来建构用户的抗病毒分离墙。卡巴斯基抗病毒软件有许多国际研究机构、中立测试实验室和 IT 出版机构的证书，确认了卡巴斯基具有汇集行业高水准的突出品质。

（5）诺顿杀毒软件。

网址：http://www.symantec.com/zh/cn/index.jsp

特点：诺顿杀毒软件是赛门铁克公司的产品。每当开机时，自动防护便会常驻内存。当用户从磁盘、网络上、E-mail 文档中开启文件时便会自动检测文档的安全性，若文件内含病毒，便会立即警告，并作适当的处理。另外它还附有"LiveUpdate"的功能，可自动从 Symantec 的 FTP Server 下载最新的病毒码。诺顿的另一个特点是"病毒列表"，它可以显示出所有计算机病毒的档案（名称、感染区域、病毒症状、类型等）。

（6）麦咖啡杀毒软件。

网址：http://www.mcafee.com/on/

特点：麦咖啡（McAfee）杀毒软件是全球最畅销的杀毒软件之一，McAfee 防毒软件，除了操作界面更新，也将该公司的 WebScanX 功能合在一起，增加了许多新功能。除了检测和清除病毒，它还有 VShield 自动监视系统，会常驻内存，当用户从磁盘、网络、E-mail 中开启文件时便会自动检测文件的安全性，若文件内含病毒，便会立即报警，并作适当的处理，而且支持鼠标右键的快速菜单功能，并可使用密码将个人的设定锁住让别人无法修改。

7.1.4 网站基本保护方案

针对计算机病毒和黑客攻击，网站管理员应采用各种手段和方法，增强网站的安全性能，以保证网站服务器的正常运转。常用手段有以下几种。

（1）安全配置：关闭不必要的服务，最好只提供 WWW 服务；安装操作系统的最新补丁，将 WWW 服务升级到最新版本并安装所有补丁，并根据 WWW 服务提供者的安全建议进行配置等。这些措施将极大提高 WWW 服务器本身的安全。

（2）安装防火墙：安装必要的防火墙，阻止各种扫描工具的试探和信息收集，甚至可以根据一些安全报告来阻止来自某些特定 IP 地址范围的主机连接，给 WWW 服务器增加一个防护层，同时对防火墙内的网络环境进行调整，消除内部网络的安全隐患。

（3）入侵检测系统：利用入侵检测系统（IDS）的实时监控能力，来发现正在进行的攻击行为及攻击前的试探行为，记录黑客的来源及攻击步骤和方法。

（4）扫描漏洞：使用商用或免费的漏洞扫描和风险评估工具定期对服务器进行扫描，以发现潜在的安全问题，并确保由于升级或修改配置等正常的维护工作，不会带来安全问题。

（5）数据加密：采用数据加密程序，对进入网络的数据提前进行加密编码，当数据到达目标计算机后，再使用解密程序对数据进行解密。比较高级的加密方案能够进行自动加密和解密，最好的加密系统是基于硬件的，同时成本可能会比较昂贵。

尽管以上这些措施能够防止很多黑客和病毒的入侵，但由于操作系统和服务器软件的漏洞不断发现，一些高技术的黑客还是可以突破层层保护，获得系统的控制权限，从而达到破坏网站的目的。在这种情况下，可以使用一些专门针对网站的保护软件，保护网站最重要的网页内容，一旦检测到网页发生改变，就进行自动恢复。

7.2 数据库的安全策略

目前，数据库已经成为各个交互式网站的重要组成部分，有价值的数据资源都存放在其中，这些共享的数据既要面对必需的可用性需求，又要面对被篡改、损坏和窃取的威胁。

7.2.1 数据库安全概述

目前数据库主要应用于客户机/服务器（Client/Server）平台，这已成为当代主流的计算模式。在 Server 端，数据库由 Server 上的 DBMS 进行管理。由于 Client/Server 结构允许服务器有多个客户端，各个终端对于数据的共享要求非常强烈，这就涉及数据库的安全性与可靠性问题。

作为网站管理人员，最关心的莫过于数据库中数据的安全，特别是不同用户的查询和修改等权限问题，可以通过以下几种手段来提高数据库的安全性。

（1）用户分类。根据不同的用户级别，设置不同的数据库访问权限。如"飞扬书城"站点，可以将数据库访问者分为 3 类：普通用户、客户和网站管理人员。对于普通用户，只具备对数据库（只限于存储书籍的数据表）的基本查询权利；对于客户，则具备对数据库的查询、插入、修改等权利（只限于客户自己的订单和资料）；对于网站管理员，则具有对数据库的所有权利，包括删除记录、删除或添加客户账号和密码等。这可以通过在建立站点时的应用程序实现。

（2）数据分类。同一权限的用户，对数据库中数据管理和使用的范围是不同的。为此，可以将数据进行分类，将不同的数据存储到不同的数据表中或建立一个或多个视图。如"飞扬书城"站点，将书籍信息、客户信息、网站管理员信息、客户订单信息等存储在不同的数据表和查询中，用户对数据库的访问可分别通过访问这些数据表来实现。

（3）数据库管理系统（DBMS）安全。提高 DBMS 的安全性，首先应保证其在防火墙后运行，不允许任何网站外部初始化与 DBMS 或数据库应用程序直接通信。但对于商务或企业网站，则可以不遵循这一原则，但 DBMS 应只支持电子商务应用程序，所有其他数据库应用程序交由防火墙后其他机器上的 DBMS 进行管理。其次，应尽可能应用操作系统和 DBMS 的最新服务包和补丁。另外，对用户账号和密码应妥善管理。

7.2.2 数据库的备份与恢复

数据库的失效往往导致一个机构的瘫痪，然而，任何一个数据库系统不可能不发生故障。数据库系统对付故障有两种办法：一种方法是尽可能提高系统的可靠性；另一种办法是在系统发出故障后，把数据库恢复至原来的状态。仅仅有第一种方法是远远不够的，必须结合第二种方法，即必须有数据库发生故障后恢复原状态的技术。

1．数据库备份

常用的数据库备份的方法有冷备份、热备份和逻辑备份 3 种。

（1）冷备份。冷备份的思想是关闭数据库系统，在没有任何用户对它进行访问的情况下备份。这种方法在保持数据的完整性方面是最好的一种。但是，如果数据库太大，无法在备份窗口中完成对它的备份，此时，应该考虑采用其他的适用方法。

（2）热备份。数据库正在运行时所进行的备份称为热备份。数据库的热备份依赖于系统的日志文件。在备份进行时，日志文件将需要更新或更改的指令"堆起来"，并不是真正将任何数据写入数据库记录。当这些被更新的业务被堆起来时，数据库实际上并未被更新，因此，数据库能被完整地备份。

热备份方法的一个致命缺点是具有很大的风险性。其原因有 3 个：第一，如果系统在进行备份时崩溃，那么，堆在日志文件中的所有业务都会被丢失，即造成数据的丢失；第二，在进行热备份时，要求数据库管理员（DBA）仔细地监视系统资源，确保存储空间不会被日志文件占用完而造成不能接受业务的局面；第三，日志文件本身在某种程度上也需要进行备份以便重建数据，这样需要考虑其他的文件并使其与数据库文件协调起来，为备份增加了复杂性。

（3）逻辑备份。逻辑备份是使用软件技术从数据库中提取数据并将结果写入一个输出文件。该输出文件不是一个数据库表，而是表中的所有数据的一个映像。在大多数客户机/服务器结构模式的数据库中，结构化查询语言（SQL）就是用来建立输出文件的。该过程较慢，对大型数据库的全部备份不太实用，但是，这种方法适合用于增量备份，即备份那些上次备份之后改变了的数据。使用逻辑备份进行恢复数据必须生成 SQL 语句。尽管这个过程非常耗时，时间开销较大，但工作效率相当高。

2．数据库的恢复

恢复也称为重载或重入，是指当磁盘损坏或数据库崩溃时，通过转储或卸载的备份重新安装数据库的过程。恢复数据库时，需要解决多个问题。首先，要解决站点的业务问题。如一个电子商务网站，就需要手工完成订单、金融交易等。其次，网站管理人员必须尽快地将系统恢复到可用状态。最后，需要知道系统恢复后应该具体做什么。

恢复技术常用的方法有两种：单纯以备份为基础的恢复技术和以备份和运行日志为基础的恢复技术。

（1）单纯以备份为基础的恢复技术。

单纯以备份为基础的恢复技术是由文件系统恢复技术演变过来的，即周期性地把磁盘上的数据库复制或转储到磁带上。由于磁带是脱机存放的，系统对它没有任何影响。当数据库失效时，可取最近一次从磁盘复制到磁带上的数据库备份来恢复数据库，即把备份磁带上的数据库复制到磁盘的原数据库所在的位置上。

数据库中的数据一般只部分更新，很少全部更新。如果只转储其更新过的物理块，则转储的数据量会明显减少，也不必用过多的时间去转储。如果增加转储的频率，则可以减少发生故障时已被更新过的数据的丢失，这种转储称为增量转储。

利用增量转储进行备份的恢复技术实现起来比较简单，也不增加数据库正常运行时的开销，其最大的缺点是不能恢复到数据库的最近状态。这种恢复技术只适用于小型的和不太重要的数据库系统。

（2）以备份和运行日志为基础的恢复技术。

系统运行日志用于记录数据库运行的情况，一般包括 3 部分内容：前像（Before Image，BI）、后像（After Image，AI）和事务状态。

前像是指数据库被一个事务更新时，所涉及的物理块更新后的影像，它以物理块为单位。前像在恢复中所起的作用是帮助数据库恢复更新前的状态，即撤销更新，这种操作称为撤销（Undo）。

后像恰好与前像相反，它是当数据库被某一事务更新时，所涉及的物理块更新前的影像，后像的作用是帮助数据库恢复到更新后的状态，相当于重做一次更新。这种操作在恢复技术中称为重做（Redo）。

运行日志中的事务状态记录每个事务的状态，以便在数据库恢复时作不同处理。

基于备份和日志的这种恢复技术，当数据库失效时，可取出最近备份，然后根据日志的记录，对未提交的事务用前像卷回，这称为后恢复（Backward Recovery）；对已提交的事务，必要时用后像重做，称向前恢复（Forward Recovery）。这种恢复技术的缺点是，由于需要保持一个运行的记录，既花费较大的存储空间，又影响到数据库正常工作的性能。它的优点是可使数据库恢复到最近的一个状态。大多数数据库管理系统也都支持这种恢复技术。

7.3 保护站点资源

站点资源中最重要的就是网页，包括页面布局、图片、动画以及交互的数据库等，如何有效保护这些资源，以及防止非法盗用或下载，是站点设计人员必须考虑的问题。

7.3.1 防止页面下载

在浏览器中打开一个网页，选择菜单"文件"|"另存为"命令，在弹出的"保存网页"对话框中，轻易可将该页面布局、内容等下载，如图7-1所示。

图 7-1 保存页面

可以采用如下方去来防止别人非法下载自己的页面。在页面源代码<body>和</body>标签之间添加代码"<noscript><iframe src＝保护的页面名字．Asp></iframe></noscript>"。当采用"另存为"方法下载该页面时，将会弹出如图7-2所示的无法保存提示框。

图 7-2 无法保存提示框

7.3.2 防止资料盗用

对于网站中的某些资料，如 PDF 文档、图片和 Flash 动画等，往往是具有知识产权的，然而由于 Web 的工作机制，本身无法对这些资料进行有效保护，从而导致这些资料很容易被其他网站盗用。为了保护知识产权，就需要网站管理人员采取相应措施，尽量降低被盗用的可能性。

常见的盗用手段有两种：一种是在自己的网站中通过 HTML 标记来引用其他站点的中的

资料图片或动画；一种是从其他网站上非法下载资料，然后在自己网站上使用。

对于第一种盗用行为，对于网站的损害比较大，合法网站的日志文件会充满访问请求记录，带宽被非法访问消耗。对于第二种盗用行为，网站版权受到侵害，却得不到赔偿。

对于第一种盗用行为，很多防火墙产品目前都具备链接保护功能，能够有效防止网站内容被非法链接。对于第二种盗用行为，则需要网站管理员有针对性地对一些重要图片和 Flash 动画编写代码，禁用鼠标右击，以免图片被另存，或禁用菜单的某些功能，若给图片加上水印等。

下面介绍一种 ASP 防盗链和下载的方法。

对于一个静态文件如 about.pdf，只要知道它的实际路径，如"http: //www.bookstroe. com/download/about.pdf"，如果服务器没有作特别的限制设置，访问者就很容易把它下载下来。当网站提供"about.pdf"资料时，怎么样才能让下载者无法得到它的实际路径从而无法下载呢？可以使用 ASP 来隐藏文件的实际下载路径，从而防止文件被下载，方法如下。

在管理网站文件时，可以把扩展名相同的文件放在同一个目录下，命名一个比较特别的名字，如放 pdf 文件目录为 the_pdf_file，接着把下面列出的代码另存为 down.asp，它的网上路径为"http: //www.bookstroe.com/down.asp"，然后可以使用"http: //www. bookstroe. com/ down.asp?FileName=about.pdf"在网站中相应的页面位置链接"about.pdf"文件。这样访问者可以访问对应的文件如 about.pdf，但是无法得到该文件的实际路径，从而避免访问者直接下载。

在 down.asp 中还可以判断下载的来源页是否为外部网站的，以防止文件被盗链，同时还设置了下载文件前需要登录等条件，从而对网站资源进行多方面的保护。down.asp 代码如下。

```
<%
From_url = Cstr(Request.ServerVariables("HTTP_REFERER"))
Serv_url = Cstr(Request.ServerVariables("SERVER_NAME"))
if mid(From_url,8,len(Serv_url)) <> Serv_url then
response.write "非法链接！"                         '防止盗链
response.end
end if
'以上代码判断链接是否是来自网站外的盗链
if Request.Cookies("Logined")="" then
response.redirect "/login.asp" '需要登录！
end if
'利用 Cookies 变量判断访问者是否已经登录

'定义了函数 GetFileName，用来去掉路径，取出文件名，如在路径/folder1/folder2/file.asp 中取得 file.asp
Function GetFileName(longname)'/folder1/folder2/file.asp=>file.asp
while instr(longname,"/")
longname = right(longname,len(longname)-1)
wend
GetFileName = longname
End Function
Dim Stream
Dim Contents
Dim FileName
Dim TrueFileName
Dim FileExt
```

```
Const adTypeBinary = 1
FileName = Request.QueryString("FileName")
if FileName = "" Then
Response.Write "无效文件名！"
Response.End
End if
FileExt = Mid(FileName, InStrRev(FileName, ".") + 1)    '取得文件扩展名
Select Case UCase(FileExt)
Case "ASP", "ASA", "ASPX", "ASAX", "MDB"
Response.Write "非法操作！"
Response.End
End Select
Response.Clear
'判断文件的扩展名是否为 gif 或者 jpg 或者 png
if lcase(right(FileName,3))="gif" or lcase(right(FileName,3))="jpg" or lcase(right(FileName,3))="png" then
Response.ContentType = "image/*"                        '对图像文件不出现下载对话框
else
Response.ContentType = "application/ms-download"
end if
Response.AddHeader "content-disposition", "attachment; filename=" & GetFileName(Request.QueryString
("FileName"))
Set Stream = server.CreateObject("ADODB.Stream")
Stream.Type = adTypeBinary
Stream.Open
if lcase(right(FileName,3))="pdf" then
'设置 pdf 类型文件目录(修改 the_pdf_file 为文件夹名)
TrueFileName = "the_pdf_file"&FileName
end if
if lcase(right(FileName,3))="doc" then                  '设置 DOC 类型文件目录
TrueFileName = "my_D_O_C_file/"&FileName
end if
if lcase(right(FileName,3))="gif" or lcase(right(FileName,3))="jpg" or lcase(right(FileName,3))="png" then
TrueFileName = "all_images_/"&FileName                  '设置图像文件目录
end if
Stream.LoadFromFile Server.MapPath(TrueFileName)
While Not Stream.EOS
Response.BinaryWrite Stream.Read 'Stream.Read(1024)
'可以设置限定下载文件的大小，单位是字节，当前设置的大小为 1024。
Wend
Stream.Close
Set Stream = Nothing
Response.Flush
Response.End
%>
```

这段代码首先判断链接是否来自自身的服务器，如果不是，则说明链接来自本网站之外，因此不能链接；然后，根据 Cookies 变量 Logined 是否为空来判断用户是否已经登录；最后，取得链接的文件名，利用其后缀名判断文件类型，从而到对应的目录中取文件。

7.3.3　防止 Access 数据库下载

数据库是交互式动态网站的重要组成部分，对于基于 ASP＋Access 的动态网站，可以采

用如下几种方法来防止 Access 数据库被下载。

（1）修改数据库名。这是常用的方法，将数据库名改成非常规名字或长名字以防他人猜测。如果被猜到数据库名则还能下载该数据库文件，但几率不大。如将数据库 database.mdb 改成 fjds$^&ijjkgf.mdb 这种名称。

（2）修改数据库后缀名。如改成 database.inc、database.dwg、database.dll 等，但要注意要在 IIS 中设置这些后缀的文件可以被解析，这样直接访问这个数据库文件时将会像程序一样被执行而不会被下载，以避免数据库被其他人获取而使网站安全受到影响。不要修改为 ASP、ASA 这样的后缀名，因为黑客仍可以通过 ASP 的漏洞进行代码攻击从而获取数据库的名称达到攻击数据库的目的。

（3）将数据库 database.mdb 改成#database.mdb。这是最简单有效的办法。假设别人得到的数据库地址是 http: //www.yourserver.com/folder/#data#base.mdb，但实际上得到将是 http: //www.yourserver.com/folder/，因为#在这里起到间断符的作用。地址串遇到#号，自动认为访问地址串结束。注意，此时要将对应的目录设置为不可访问。用这种方法，不管用何种工具都无法下载数据库。

（4）加密数据库。将 Access 数据库文件"以独占方式打开"，然后对其进行加密，但要注意的是密码和账号要与计算机操作系统的相区别，否则会产生错误。

7.4　ASP + Access 的安全隐患及对策

ASP+Access 是许多中小型网站系统的首选方案，但 ASP+Access 解决方案在为用户带来便捷的同时，也带来了不容忽视的安全问题。

7.4.1　Access 数据库的安全隐患

ASP+Access 解决方案的主要安全隐患来自 Access 数据库的安全性，其次在于 ASP 网页设计过程中的安全漏洞。

1. Access 数据库的存储隐患

在 ASP＋Access 应用系统中，如果获得或者猜到 Access 数据库的存储路径和数据库名，则该数据库就可以被下载到本地。例如，对于网上书店的 Access 数据库，人们一般命名为"bookshop.mdb"、"store.mdb"等，而存储的路径一般为"URL/database"或干脆放在根目录（"URL/"）下。这样，只要在浏览器地址栏中敲入地址"URL/database/store.mdb"，就可以轻易地把"store.mdb"下载到本地的主机器。

2. Access 数据库的解密隐患

由于 Access 数据库的加密机制非常简单，所以即使数据库设置了密码，解密也很容易。该数据库系统通过将用户输入的密码与某一固定密钥进行异或来形成一个加密串，并将其存储在"*.mdb"文件中从地址"&H42"开始的区域内。由于异或操作的特点是"经过两次异或就恢复原值"，因此，用这一密钥与"*.mdb"文件中的加密串进行第二次异或操作，就可以轻松获取 Access 数据库的密码。基于这种原理,可以很容易地编制出解密程序。

由此可见,无论是否设置了数据库密码,只要数据库被下载,其信息就没有任何安全性可言。

3. 源代码的安全隐患

由于 ASP 程序采用的是非编译性语言,这大大降低了程序源代码的安全性。任何人只要进入站点,就可以获得源代码,从而造成 ASP 应用程序源代码的泄露。

4. 程序设计中的安全隐患

ASP 代码利用表单(form)实现与用户交互的功能,而相应的内容会反映在浏览器的状态栏中,如果不采用适当的安全措施,只要记下这些内容,就可以绕过验证直接进入某一页面。例如,在浏览器中敲入"……page.asp?id=计算机安全",即可不经过表单页面直接进入满足"id=计算机安全"条件的页面。因此,在设计验证或注册页面时,必须采取特殊措施来避免此类问题的发生。

7.4.2 提高数据库的安全性

由于 Access 数据库加密机制过于简单,因此,如何有效地防止 Access 数据库被下载,就成了提高 ASP+Access 解决方案安全性的重中之重。除了前面介绍的防止 Access 数据库下载的措施外,还可以通过以下方法来提高数据库的安全性能。

(1)非常规命名法。

防止数据库被找到的简便方法是为 Access 数据库文件起一个复杂的非常规名字,并把它存放在多层目录下。例如,对于网上书店的数据库文件,不要简单地命名为"bookshop.mdb"或"store.mdb",而是要起个非常规的名字,如"faq19jhsvzbal.mdb",再把它放在如"/akkjj16t/kjhgb661/acd/avccx55"之类的深层目录下。这样,对于一些通过猜测方式得到 Access 数据库文件名的非法访问方法起到了有效的阻止作用。

(2)使用 ODBC 数据源。

在 ASP 程序设计中,应尽量使用 ODBC 数据源,不要把数据库名直接写在程序中,否则,数据库名将随 ASP 源代码的泄密而一同泄密。例如,

DBPath = Server.MapPath("/akkjj16t/ kjhgb661/acd/avccx55/faq19jhsvzbal.mdb")

conn.Open "driver={Microsoft Access Driver(*.mdb)};dbq="& DBPath

可见,即使数据库名字起得再怪异,隐藏的目录再深,ASP 源代码泄密后,数据库也很容易被下载下来。如果使用 ODBC 数据源,就不会存在这样的问题了,如 conn.open"ODBC－DSN 名"。

(3)对 ASP 页面进行加密。

为有效地防止 ASP 源代码泄露,可以对 ASP 页面进行加密。一般有两种方法对 ASP 页面进行加密。一种是使用组件技术将编程逻辑封装入 DLL 之中;另一种是使用微软公司的 Script Encoder 对 ASP 页面进行加密。使用组件技术存在的主要问题是每段代码均需组件化,操作比较烦琐,工作量较大;而使用 Script Encoder 对 ASP 页面进行加密,操作简单、效果良好。Script Encoder 方法具有如下许多优点。

① HTML 仍具有很好的可编辑性。Script Encoder 只加密在 HTML 页面中嵌入的 ASP 代码，其他部分仍保持不变，这就使得仍然可以使用 FrontPage 或 Dreamweaver 等常用网页编辑工具对 HTML 部分进行修改和完善，只是不能对 ASP 加密部分进行修改，否则将导致文件失效。

② 操作简单。只要掌握几个命令行参数即可。

③ 可以批量加密文件。使用 Script Encoder 可以对当前目录中的所有的 ASP 文件进行加密，并把加密后的文件统一输出到相应的目录中。例如，"screnc *.asp c: \temp"。

④ Script Encoder 是免费软件。该加密软件可以从微软公司网站下载，网址是 http://msdn.microsoft.com/scripting/vbscript/download/x86/sce10en.exe。下载后，运行安装即可。

（4）利用 Session 对象进行注册验证。

为防止未经注册的用户绕过注册界面直接进入应用系统，可以采用 Session 对象进行注册验证。Session 对象最大的优点是可以把某用户的信息保留下来，让后续的网页读取。

例如，要设计一个注册页面，设计要求用户注册成功后系统启动"test.asp?page=1"页面。如果不采用 Session 对象进行注册验证，则用户在浏览器中敲入"URL/test.asp?page=1"即可绕过注册界面，直接进入系统。利用 Session 对象可以有效阻止这一情况的发生。相关的程序代码如下。

```
<%
    '读取用户输入的账号和密码
    UserID = Request("UserID")
    Password = Request("Password")
    '检查 UserID 及 Password 是否正确（实际程序可能会比较复杂）
    If UserID <>"test" Or Password <>
    "password" Then
    Response.Write "账号错误！"
    Response.End
    End If
    '将 Session 对象设置为通过验证状态
    Session("Passed") = True
%>
    '进入应用程序后，首先进行验证：
<%
    '如果未通过验证，返回 Login 状态
    If Not Session("Passed") Then
    Response.Redirect "Login.asp"
    End If
%>
```

本 章 小 结

本章主要介绍了威胁网络、网站安全的常见手段，重点介绍了网络安全和数据库安全的主要内容和相应的防护措施。对于基于 ASP＋Access 的数据库网站，介绍了其存在的漏洞及修补策略。通过本章的学习，读者能够对网站安全及其基本的防护有个比较全面的认识，如果希望对 ASP 应用程序安全及数据库安全继续深入研究，可以参阅相关的书籍。

习　题

一、填空题

1．网站基本保护方案常用的手段有_____、_____、_____、_____、_____。

2．常用的数据库备份的方法有_____、_____和_____3种。

3．数据库安全是网站安全的重要组成部分，防止 Access 数据库下载的常用方法有_____、_____、_____、_____等手段。

4．恢复技术常用的方法有 2 种：_____和_____。

5．常见的网站图片或 Flash 动画盗用手段有两种：一种是_____，一种是_____。

6．可以采用如下方法防止别人非法下载自己的页面：在页面源代码<body>和</body>标签之间添加代码"_____"。

二、选择题

1．数据库正在运行时所进行的备份称为_____。

A．冷备份　　　B．热备份　　　C．逻辑备份　　　D．更新备份

2．_____指数据库被一个事务更新时，所涉及的物理块更新后的影像，它以物理块为单位。

A．前像　　　B．后像　　　C．事务　　　D．事务状态

3．下面哪种方法不是提高数据库安全性的手段？

A．用户分类　　　　　　　　B．数据分类

C．DBMS（数据库管理系统）安全 D．添加代码

三、简答题

1．简述网站基本保护方案的常用手段。

2．简述几种常见的防病毒软件产品。

3．简述基于 ASP+Access 的数据库网站主要存在的安全隐患及相应的补救措施。

4．简述除了修改数据库名等防止 Access 数据库下载的措施外，还可以通过哪些方法来提高数据库的安全性能。

参 考 文 献

[.1] 戴一波. Dreamweaver 8+ASP 动态网站开发从基础到实践. 北京：电子工业出版社，2006

[2] 李维杰，张华铎. Dreamweaver 8&ASP 数据库网站开发简明教程. 北京：清华大学出版社，2006

[3] 孙印节，薛书琴，余露. Dreamweaver 8 中文版应用教程. 北京：电子工业出版社，2006

[4] 杨格，等. Dreamweaver 8+ASP 动态网站建设技术精粹。北京：清华大学出版社，2007

[5] 袁津生，齐建东，曹佳. 计算机网络安全基础. 北京：人民邮电出版社，2008

[6] 周兴华，王敬栋. ASP＋Access 数据库开发与实例. 北京：清华大学出版社，2006

[7] 王素梅，鲍嘉，等. 深入精髓. 北京：清华大学出版社，2007

[8] 刘贵国. 精通 Dreamweaver 8 网站建设. 北京：中国青年出版社，2007

[9] 刘志铭，庞娅娟，孙明丽. ASP+Access 数据库系统开发案例精选. 北京：人民邮电出版社，2007

[10] 张景峰. 脚本语言与动态网页设计. 北京：中国水利水电出版社，2004

[11] 梁建武，李元林，姚雪祥，等. ASP 程序设计实用教程. 北京：电子工业出版社，2006

[12] 杨志姝，吴俊海，等. Dreamweaver 8 网页制作与网站开发标准教程. 北京：清华大学出版社，2006

[13] 葛秀慧，等. 网站建设. 北京：清华大学出版社，2005

[14] 杨威，巩进生，王道平. 网站组建、管理与维护. 北京：电子工业出版社，2005

[15] 龙马工作室. 网站管理与维护实例精讲. 北京：人民邮电出版社，2006